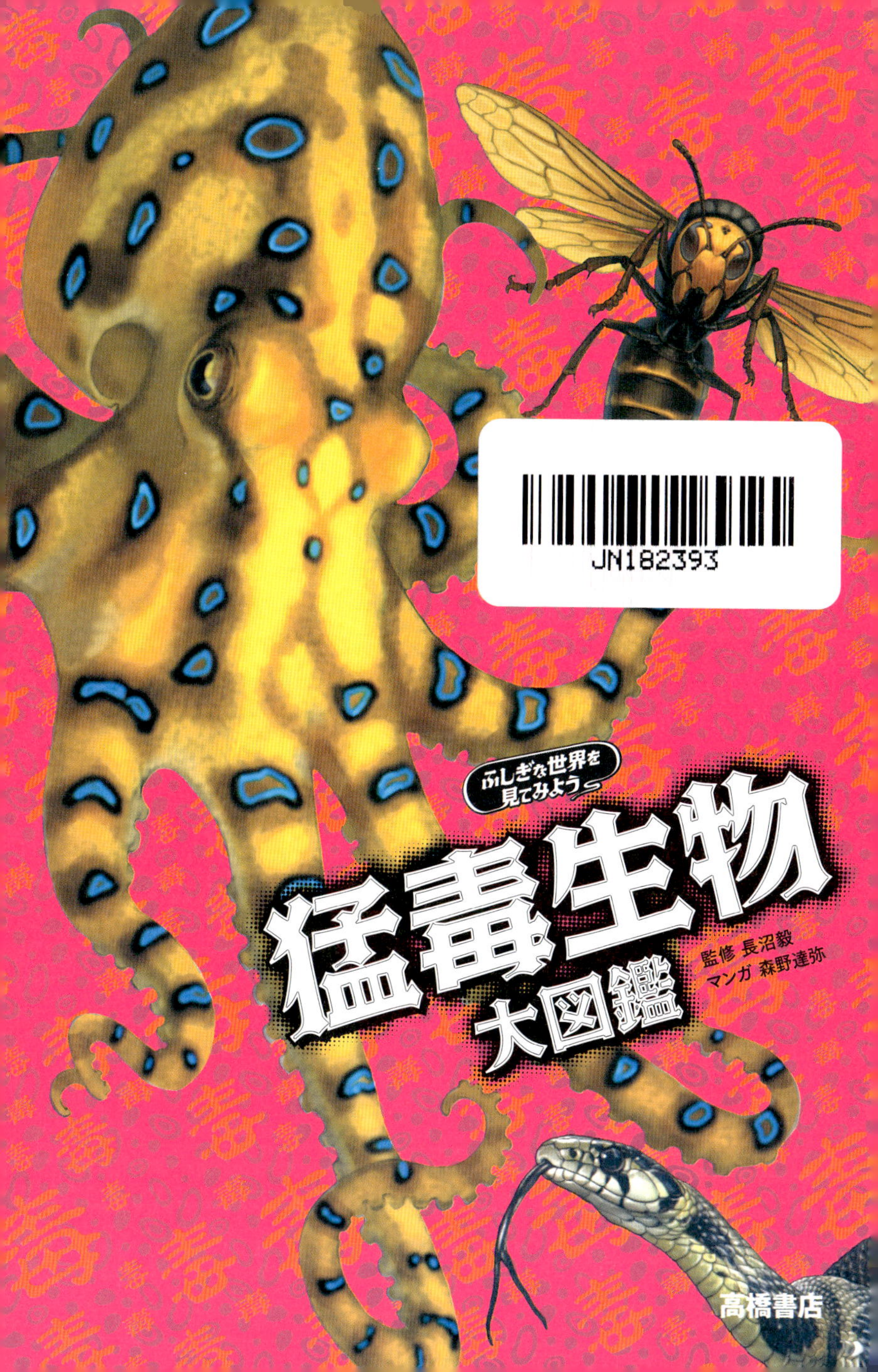
ふしぎな世界を見てみよう
猛毒生物大図鑑
監修 長沼毅
マンガ 森野達弥
JN182393
高橋書店

猛毒生物が

やって来る
遠くはなれたアマゾンやさばく、
私たちのすぐ近くにも、
さまざまな毒をもった生き物がたくさんいる。
ちょっぴりこわくて怪しい
猛毒生物たちの世界を
のぞいてみよう!

おそろしい毒のパワー

毒が体の中に入ると、
いろいろなよくない変化が
あらわれる。すぐに治るものもあれば、
手当てしないと命の危険にさらされるような、
おそろしいパワーをもった毒もあるんだ。

呼吸
毒のガスや
しぶきを吸う

1 出血

傷口から血が止まらなくなったり、内臓や血管が傷つけられて体の中で血が出たりする。

2 マヒ

脳から体に命令を伝える神経をこわしたりにぶらせたりして、筋肉や内臓の動きを止める。

3 腹痛

おなかが痛くなって、便が止まらなくなったり、食べたものを何度も吐き出したりする。

4 発熱

高熱が出て、頭がガンガンする。咬まれたり刺されたりした部分がはれて、熱くなる。

どうやって毒は体に入るの？

毒の正体は、とても小さな化学物質だ。化学物質とは、私たちの体の筋肉や骨、内臓などをつくる物質にはたらきかけて、変化をあたえる物質のこと。そのはたらきはさまざまで、いろいろな方法で体の中に入ってくるんだ。

5 めまい

目が回るようにクラクラして、頭がぼーっとする。意識を失ったり、まぼろしを見たりする。

6 しびれ

手足や舌がピリピリとして、感覚がにぶる。全身がガクガクとふるえることもある。

7 激痛

電気を流されたり、焼かれたりするような強い痛みを感じる。何日も痛みが続く場合もある。

8 致死

あまりに毒が強かったり、ひどいアレルギー反応を起こしたりすると、死にいたることもある。

咬まれるとヤバイ!

大きな牙で咬んで、体の中に毒を送りこむ生き物たち。毒でえものを弱らせて食べてしまったり、おそってきた敵を殺してしまったりするなど、きょうぼうさはナンバーワン!

File 1

毒をもつ生き物たち

毒の牙で咬んでえものを弱らせたり、
毒を体にぬって敵から身を守ったり……。
猛毒生物たちは、さまざまな方法で毒を利用して、
きびしい自然の中を生きのびているんだ。

刺されるとヤバイ!

毒の針を発射したり、毒のトゲで全身をおおっていたりする生き物たち。クラゲやサソリなど、毒ヘビ以上に強力な毒をもっている生物が多く、刺されたら命を落とす危険大!

File 2

触るとヤバイ!

体の表面に毒をぬったり、近づいた敵に毒の液やガスをふきかけたりする生き物たち。敵の攻撃から身を守るときに毒を使うことが多いが、そのいりょくはあなどれない!

File 3

食べるとヤバイ!

食べるとおなかが痛くなったり、内臓や脳が傷つけられて死んでしまったりする、キノコや魚などの生き物たち。まぼろしを見させるなど、多種多様な毒の効果をもつ!

File 4

感染するとヤバイ!

ダニなどの動物や空気、水などを通じて人間の体の中に入りこんで悪さをする生き物たち。その正体は細菌やウイルス、寄生虫など。ときに何千、何万人もの命をうばってしまうぞ!

File 5

毒生物に出会ったら

ここでは毒を弱める方法を
紹介するよ。
毒生物におそわれても、
落ちついて正しい方法で
手当てすることが大切。
どんなときも必ず病院に
行って、お医者さんに
みてもらおう！

ハチに刺されたら……

刺された部分を水でよく洗う。つぎに指でつまんで、傷口から毒を外に出そう。ミツバチに刺されたときは、傷口に針が残っていることもあるからよく見てぬくように。最後に、「抗ヒスタミン剤」などがふくまれる軟こうをぬる

注意!

- ハチは黒いものに反応する。ぼうしをかぶるなどして髪をかくそう
- 手でふりはらうと、攻撃されたと思ってなかまをよぶことがある
- おしっこをかけると治るといわれることがあるが、それはうそ!

毒ヘビに咬まれたら……

あわてて走らないこと。心臓がドキドキして、毒が体に回りやすくなってしまう。傷口から心臓に近い部分を、布やひもで少しきつめにしばると、毒が回るのをおさえられる。あとは救急車をよんで1秒でも早く病院へ!

注意!

- きつくしばりすぎると血が止まって逆効果。ときどきゆるめよう
- 毒を口で吸い出さない。口の中の傷や虫歯から毒が入ることがある
- 傷口を冷やさない。けがの具合が悪くなってしまうおそれがある

毒物を食べてしまったら……

具合がおかしいと思ったら、すぐに吐き出す。吐くときは、ぬるま湯を飲んだり、スプーンや指を口に入れて舌のおくを刺激したりすると吐きやすくなる。体温を下げないようにあたたかい服そうをして、すぐに病院に行こう

注意!

- 食用キノコにそっくりな毒キノコもある。見つけてもとらないように
- 食べたあと、半日や数日たってから気分が悪くなるものもある
- 吐いたものは捨てずに、病院に持って行くと、治療に役立つ

File 4 「食べる」とヤバイ猛毒生物

File 5 「感染する」とヤバイ猛毒生物

HISTORY ―毒の歴史―

ちょっとアブない毒の雑学

編集・漫画シナリオ　澤田憲
執筆協力　野見山ふみこ
アートディレクション　辻中浩一
本文デザイン　辻中浩一・上里恵美（ウフ）
DTP　有限会社エムアンドケイ
校正　株式会社鷗来堂

この本の見方

毒の症状アイコン

毒が体にあたえる変化をあらわしています。

- **出血** 傷口や内臓から血が流れ出る
- **マヒ** 筋肉や内臓のはたらきを止める
- **腹痛** 嘔吐や下痢などを引き起こす
- **発熱** 高熱を引き起こす
- **めまい** 頭がクラクラして意識がなくなる
- **しびれ** 手足や舌などをしびれさせる
- **激痛** 強い痛みがある
- **致死** 死ぬ危険性が高い

なかま分け

どの生物のなかまなのかをあらわしています。

爬虫類
世界で最も多く人間の命をうばったとされる
ブラックマンバ
マヒ
致死
ここに毒
自転車よりも速くはう!
岩の間やたおれた木の空どうなどを巣穴にしている
毒メーター
5
4
3
2
1
大きさ
全長2.5～4.5m
生息地
アフリカ東部～南部
世界最大のヘビ、キングコブラと同じくらい大きく、動きもひじょうにすばやい。最高時速は短い距離なら20kmに達し、人間が走ってにげてもかんたんに追いつかれてしまう。咬まれると筋肉の動きが止まり、息ができなくなって死にいたる。
26

毒メーター

体に入ったときの毒の強さをあらわしています。

- **5** 手当てしないと死ぬ危険性大！
- **4** 運が悪いと死ぬ危険性がある
- **3** 強い苦痛を感じる
- **2** 苦痛を感じる
- **1** 気分が悪くなる

生息地 / 分布

生物がすんでいるおおよその場所です。File5では、ウイルスや細菌などの感染が確認された地域をしめしています。

大きさ / 媒介生物

生物の大きさを、人間とくらべたときの図です。File5では、ウイルスや細菌などを人に感染させる生物をしめしています。

くらべる基準

おとなの手のひら 18cm

顔 25cm

原寸 実際の大きさ

おとなの身長 170cm

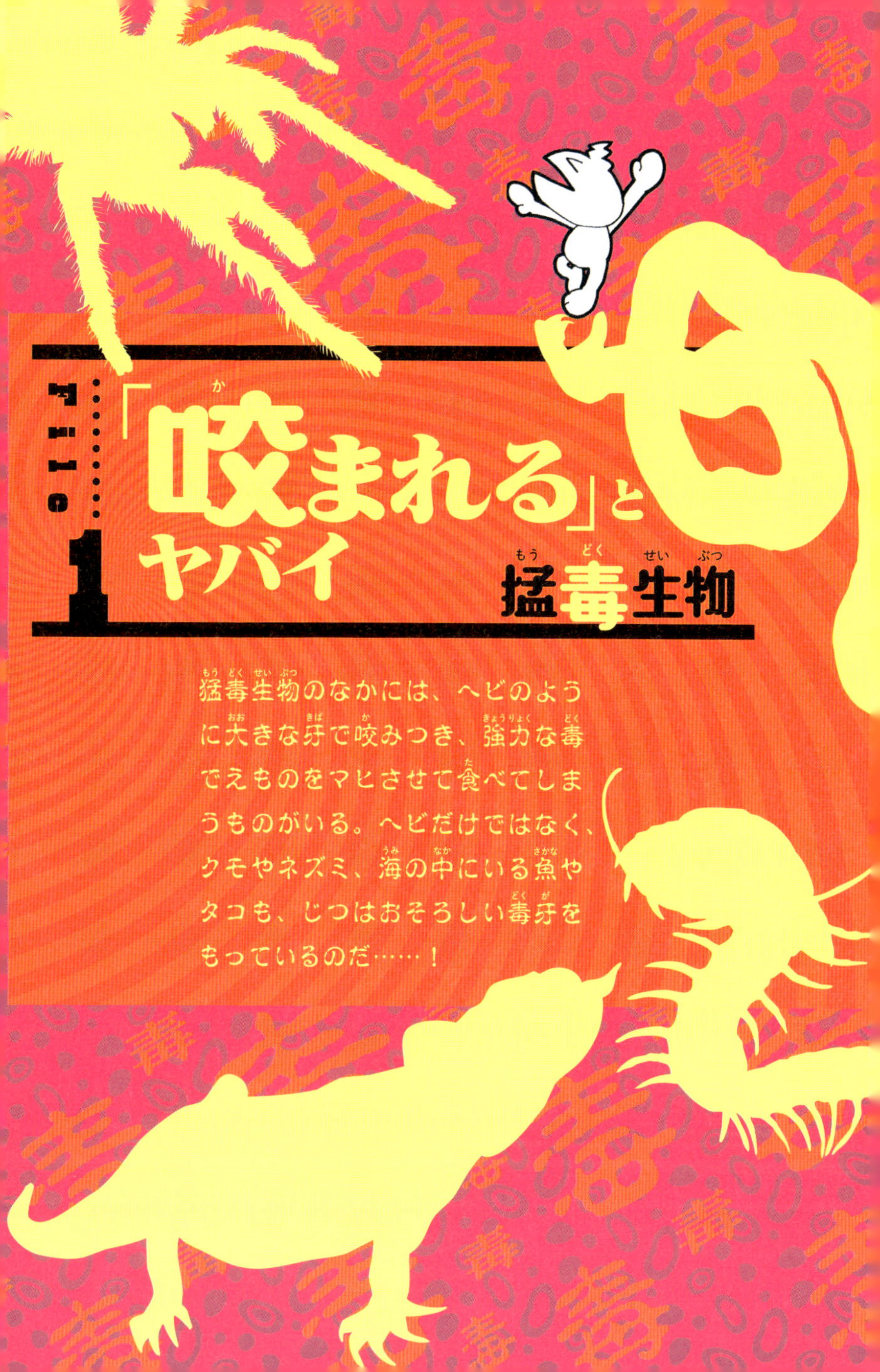

File 1 「咬まれる」とヤバイ猛毒生物

猛毒生物のなかには、ヘビのように大きな牙で咬みつき、強力な毒でえものをマヒさせて食べてしまうものがいる。ヘビだけではなく、クモやネズミ、海の中にいる魚やタコも、じつはおそろしい毒牙をもっているのだ……！

本当にあった!? 猛毒生物のこわい話

王家の呪い!? 黄金の鳥をのみこんだエジプトコブラ

CASE 01

1922年　エジプト
王家の谷
イギリス人貴族のカーナヴォン卿と考古学者のハワード・カーター博士は古代エジプトの王たちが眠る「王家の谷」を探索し、ついにツタンカーメンの墓を見つけようとしていた。

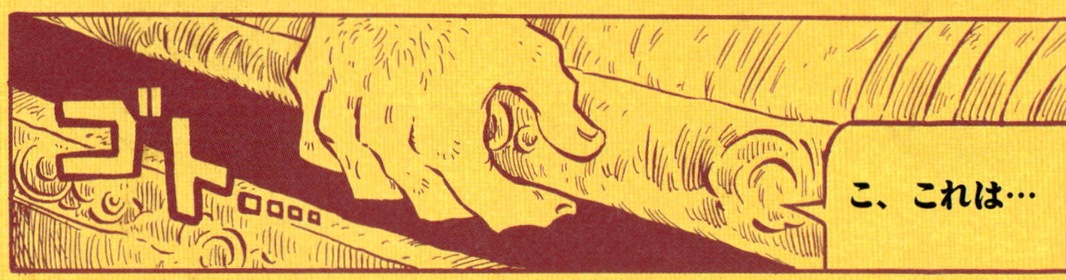

ゴトッ
こ、これは…

ついにやりましたな！
ハワードさん
カーナヴォン卿
ハワード・カーター博士
ええ。こいつは
世紀の大発見ですよ

それにしても
ピピピピピ…
！
こいつを連れて来てから
幸運続きだ

はじめは毒ガスが
出てないか調べるために
連れて来たのに……
はははは
今では幸せを運ぶ
“黄金の鳥”だよ
ボボボ……

しかしその数日後——

!

ぬ——っ
ピピピピ…
SOLT

ずるっ
ザ
ザ

ばっ

ピ…
ピイエエエ…!

ばきっ

……何だ?

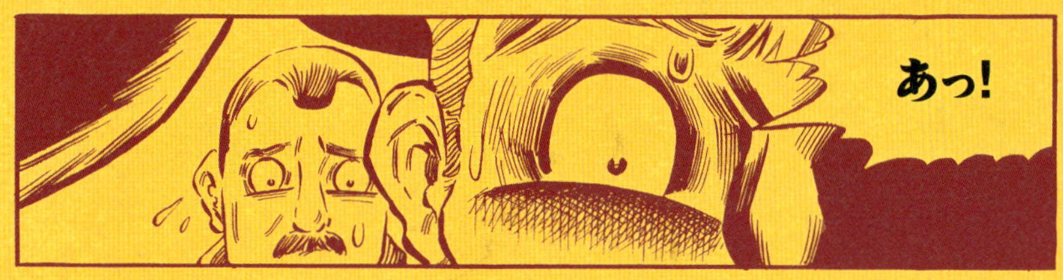
あっ!

ごくん

じーっ

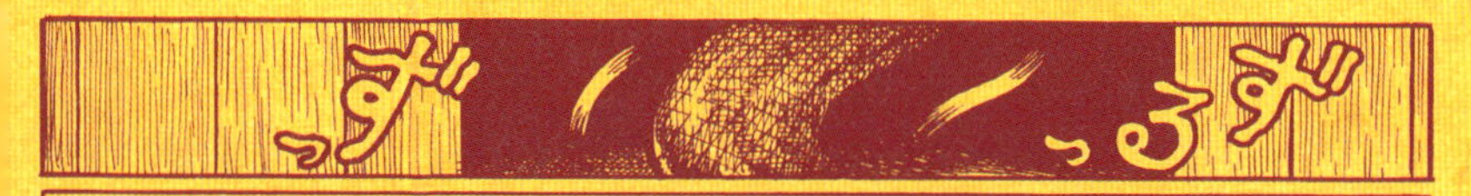

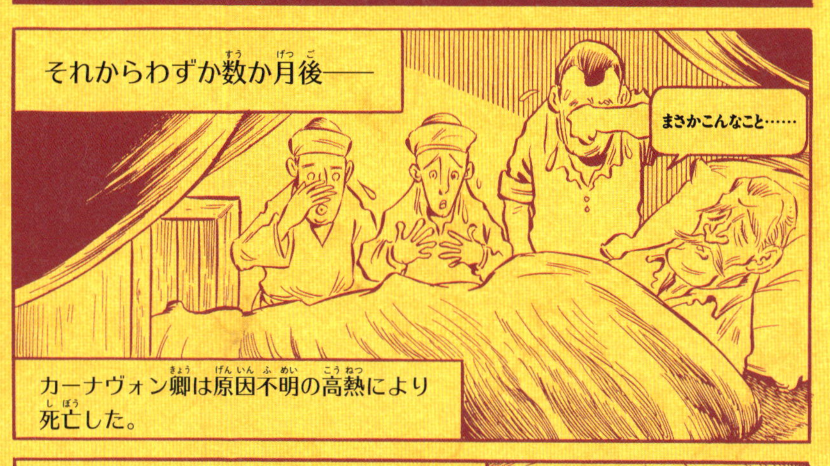

その後も墓の発掘にかかわった者たちが次々に亡くなり、人々は「王家（ファラオ）の呪い」だと噂した……。

本当にファラオの呪いだというのか……!?

はるか昔、古代エジプト最後の女王であったクレオパトラは、ローマ帝国に敗れたとき、エジプトコブラに自分の胸を咬ませて自殺したといわれる。

エジプトコブラは、人を死にいたらしめる毒ヘビとしておそれられてきただけでなく、太古から守り神としてもあがめられてきた。

王家の谷には、いまだに発見されていない古代エジプトの王の墓があるという。

そこには人知れず王の墓を守る、
エジプトコブラが
いるのかもしれない……。

歴史の伝説に名を残す

エジプトコブラ

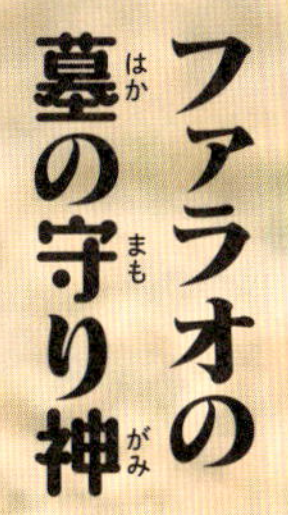

ここに毒

危険を感じると「フード」とよばれる部分を大きく広げていかくする

マヒ
致死

毒メーター
5
4
3
2
1

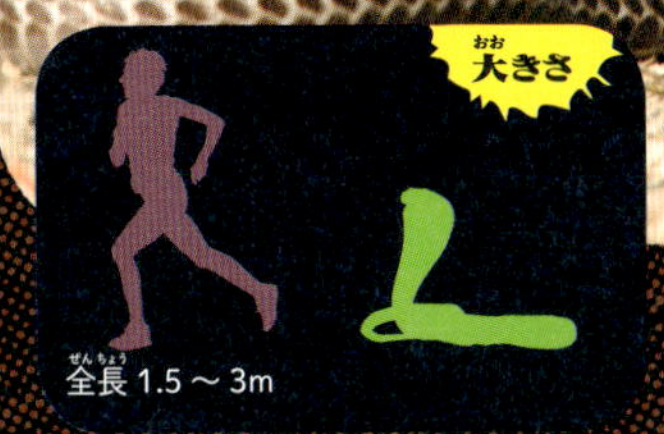

大きくてきょうぼうなコブラ（ヘビの一種）。強い毒で、咬んだ相手をマヒさせ心臓を止めてしまう。毒の量も多いため、死亡する危険も大きい。肉食で、とくにカエルを好んで食べるが、ネズミやトカゲ、鳥なども食べる。

まめちしき　ふだんは地上でくらしているが、えものを追って木に登ることもある

世界最強の猛毒をもつ

ナイリクタイパン

性格はおとなしく、おこらせなければ攻撃してこない

ひと咬みで100人殺す！

毒メーター

5
4
3
2

I

全長 1.4～2.5m

オーストラリア内陸部

ヘビのなかで、最も強い毒をもつ。たったひと咬みで、ネズミ25万匹、人間のおとな100人が死亡するという。毒の強さはインドコブラの50倍、ガラガラヘビの650～850倍もある。人間のおとなが咬まれると45分ほどで死んでしまうとされるが、幸いにも、実際に咬まれて死んだ人はまだいない。

岩のわれ目やネズミがほった穴を巣穴にしていることもある

ネズミなどの小型のほ乳類や小鳥をにおいで探してとらえる

ここに毒

もっと知ろう!

ヘビは季節で色がかわる?

ナイリクタイパンの体の色は、夏はうすい茶色だが、冬はこい茶色に変化する。ヘビはまわりの環境によって体温がかわる変温動物。夏はうすい色になって熱を吸収しにくくし、冬はこい色になり熱を吸収しやすくしていると考えられる。

まめちしき　昼間に活動するため、見つけやすいことも被害が少ない理由のひとつだ

死亡率ナンバーワン！

タイガースネーク

毒だけでなく、えものの体に巻きついて、しめ殺すこともある。

毒メーター 5

鳥の巣をよくおそい、ひなや卵を食べてしまう

メスは、全長20㎝くらいの子ヘビを100匹ほどうむ

血液さえも破壊する!

オーストラリアでは、おそわれたときに「最も死亡する確率が高い毒ヘビ」としておそれられている。ひと咬みで大量の毒を注入するため、神経をマヒさせるだけでなく、筋肉をこわし、血液を固めて流れなくしてしまう。人間が咬まれると2～3時間で死亡し、死ぬ確率も40%以上ととても高い。

もっと知ろう!

何でも食べてしまう大食い

タイガースネークのおもなえものは、トカゲやネズミなどの小動物だ。地上にいる動物だけでなく、水中に9分間ももぐって魚をおそったり、高さ10mもある木に登って鳥をおそったりもする。さらに動物の死体も食べ、共食いすら行うという報告もある。

まめちしき 交通事故などにより数がへり、保護すべき対象ともされている

世界で最も多く人間の命をうばったとされる

ブラックマンバ

マヒ

致死

自転車よりも速くはう！

岩の間やたおれた木の空どうなどを巣穴にしている

毒メーター 5

世界最大の毒ヘビ、キングコブラと同じくらい大きく、動きもひじょうにすばやい。最高時速は短い距離なら20㎞に達し、人間が走ってにげてもかんたんに追いつかれてしまう。咬まれると筋肉の動きが止まり、息ができなくなって死にいたる。

まめちしき　ブラックマンバの名前は、口の中が真っ黒なことからつけられた

ネックレスのように美しい

ブラジルサンゴヘビ

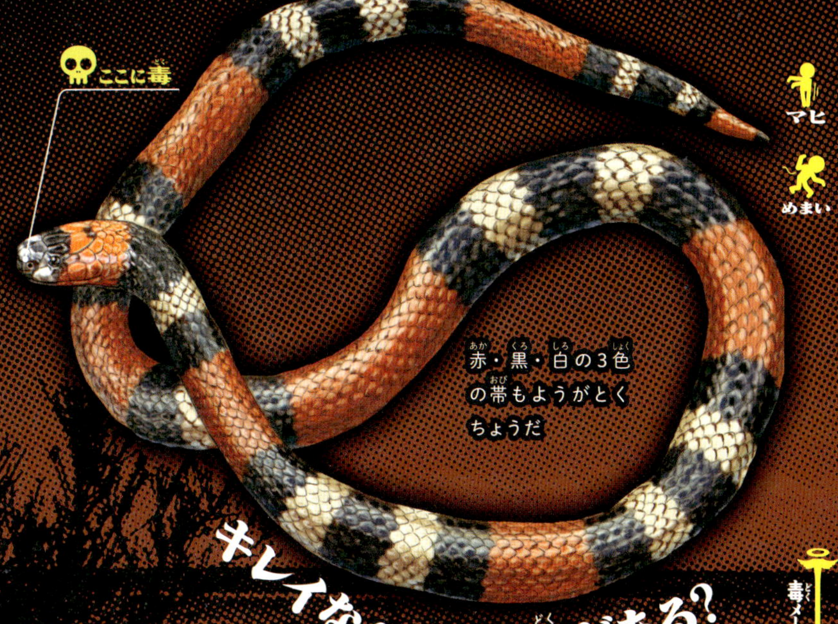

赤・黒・白の3色の帯もようがとくちょうだ

キレイなヘビほど毒がある?

毒メーター 4

名前のとおり、サンゴのようにあざやかな体の色をしている。サンゴヘビ属のなかでも最も強力な毒をもち、咬まれると心臓マヒを起こすおそれがある。夜に活動し、昼間は岩やくさった木の下などにかくれている。

まめちしき　見た目はサンゴヘビにそっくりだが無毒の「サンゴヘビモドキ」もいる

インド四大毒ヘビのひとつ

ラッセルクサリヘビ

細胞をこわし、激痛をあたえる！
ここに毒

マヒ
めまい
激痛
致死

毒牙は1.6㎝もあり、咬んだ相手にぶら下がることもある

毒メーター 5

いろいろな作用がある混合毒で、えものを死に追いやる。咬まれると体の組織がこわされてはげしい痛みがおそい、しかもそれが2～4週間も続く。命が助かっても、手足の細胞が死んで切断しなくてはならないこともある。

まめちしき　草原や海岸ぞいの低地、丘など、すずしい場所を好む

ヒーラ川にすくうモンスター

アメリカドクトカゲ

別名「ヒーラ・モンスター（ヒーラ川の怪物）」とよばれる巨大な毒トカゲ。鳥やネズミなどのえものをおそうときは、毒が回るまで何回も咬み続ける。一生の95%以上を地下の巣穴ですごし、食事や日光浴のときだけ地上に出てくる。

まめちしき　トカゲは約3000種いて、毒をもつのはほかにメキシコドクトカゲなどもいる

毒ヘビの日本代表

ニホンマムシ

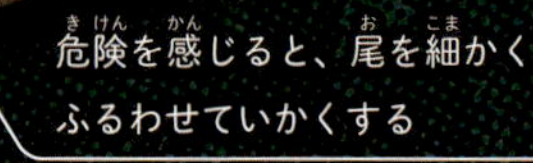

危険を感じると、尾を細かくふるわせていかくする

毒メーター 4

大きさ

全長 45 ～ 75㎝

生息地

日本（琉球諸島をのぞく）

日本全国の山や水田、川辺、田畑などに生息する。毒の強さはハブ（→右ページ）の５倍で、咬まれた部分は大きくはれ上がる。目の下には、えものの体温を感じ取るセンサーがあり、夜でも正確にえものをしとめられる。

まめちしき　皮や身は栄養が高いとされ、漢方薬や酒の材料に使われるが、科学的根拠は不明

一瞬で敵をしとめる

ハブ

夜行性で、昼間は石垣の間や葉の下、木の根元などにいる

ここに毒

ジャンプして、ガブリ！

毒メーター
5
4
3
2
1

毒はニホンマムシ（→左ページ）よりも弱いが、体が大きく、毒の量も多いため危険。えものや敵を見つけると、体を大きくしならせてムチを打つように飛びかかる。咬まれると痛みとともに全身がはれて、死ぬこともある。

まめちしき　ネズミなどを追って家の中に入りこみ、人を咬むこともある

毒 人類と毒の出会い

人が死ぬのは呪いや悪魔のせい？

人間と毒の出会いは、太古までさかのぼる。

しかし、人間が毒の正体をつきとめるまでには、そこからとてつもなく長い年月がかかった。

毒は目に見えないだけでなく、食べたり、触ったり、咬まれたりと、さまざまなルートで人間の体に入ってくる。そのため人がいきなり苦しんだりたおれたりしても、その原因が毒だとはわからなかった。毒を知らない昔の人は、これを呪いや悪魔のせいだと考えていた。

同じように、ウイルスや細菌による病気も、ほんの数百年前までは悪魔のしわざによるものだとおそれられていた。14 世紀にヨーロッパを中心にペスト（→ 174 ページ）が大流行したときも、人々はたいへんなパニックにおちいった。教会は神に救いを求める人であふれ、これを神の天罰だと考えて、ゆるしを得るために自分の体にムチを打ちつけながら行進する人たちさえいたという。

毒で人が死ぬのは、悪魔のしわざだと考えられていた

顕微鏡によって、今まで見えなかった「小さな世界」が見えるようになり、毒の正体が明らかになった

毒の化学的発見

人間の健康をむしばむ原因が、悪魔のしわざではなく毒や細菌によるものだとわかったのは、19世紀に入ってからだ。

16世紀に顕微鏡が発明され、オランダのレーウェンフック博士によって、目に見えないほど小さい生物である「微生物」が発見された。このときから、科学の目が人間の体内にも向けられるようになる。はじめは、微生物が人間の体に影響をあたえるとは考えられていなかったが、伝染病にかかった人たちの血液や便などを観察するうちに、必ずそこに特定の微生物がいることが知られていった。

このような観察と実験がくり返されたのち、1876年にドイツのコッホ博士が、微生物のなかには、病気を引き起こす「病原菌」がいることをつきとめた。同じように、毒の正体が、とても小さな化学物質であることも、しだいに明らかにされていったのである。

世界最大の毒グモ

ルブロンオオツチグモ

激痛

腹部には細かい毛が生えており、これを足で飛ばして攻撃することもある

くもの巣をはらず、土の中に巣をつくる

毒メーター
5
4
3
2
1

大きさ

体長9.5㎝（メス）　※足を広げると28㎝

生息地

南アメリカ北部

口にある「きょう角」という2本の牙のようなもので、トカゲなどをつかまえて食べる

子犬サイズのビッグな体!?

別名「バードイーター（鳥食いクモ）」。巨大なクモで、最大で全長30㎝（子犬サイズ）の個体を発見したという報告もある。性格は攻撃的で、咬まれるとスズメバチに刺されたようなするどい痛みを感じるが、毒性は弱く、死ぬことはない。ムカデやトカゲなどを食べるほか、実際に鳥を食べたという目撃例もある。

もっと知ろう！

タランチュラの伝説

ルブロンオオツチグモのような巨大なクモのことを「タランチュラ」とよぶ。イタリアの港町「タラント」が名前の由来とされ、中世では、タランチュラに咬まれた者は、体から毒をぬくために踊りつづけなければならないと信じられていた。

まめちしき 食べると、スモークしたエビのような味がするという

バナナの中からこんにちは

フォニュートリア・ドクシボグモ

毒の強さはクモ界ナンバーワン！

毒メーター 5 4 3 2 1

大きさ

体長 5cm

生息地

中央アメリカ～南アメリカ北部

ここに毒

2本のするどい牙をつき刺して、毒を注入する

白いまゆで包んで、子どもたちを守る

コオロギやキリギリスのほか、自分よりも大きいカエルやトカゲまで食べる

世界一危険な猛毒グモとして、ギネスブックにも登録された。咬まれるとはげしい痛みがあり、たった0.006mgの量（砂つぶ1つを167等分したくらいの量）でもマウスを殺すほどのおそろしい強さの毒をもつ。バナナの中にかくれる習性があるため、別名「バナナ・スパイダー」とよばれる。

もっと知ろう！

本当にあった恐怖の毒グモ事件簿

イギリスのある家族が、近くの店で買ったバナナを食べようとしたところ、白いカビのようなものを発見した。しかしよく見ると、それは何百匹ものフォニュートリア・ドクシボグモの子どもだった！　一家は全員家の外に避難して、事無きを得たという……。

まめちしき　英名は「ブラジリアン・ワンダリング・スパイダー（ブラジルのさまようクモ）」

全国各地で増殖中?

セアカゴケグモ

発熱

激痛

毒をもつのはメス。背中にある赤いもようが大きなとくちょうだ

ここに毒

学校の校庭にもあらわれる!

毒メーター
5
4
3
2
1

1995年に大阪府にあらわれ、日本中がパニックになった。その後、学校の花だんや公園、お寺、空港にいたるまで、あらゆる場所で目撃されている。性格はおとなしく、咬まれても死ぬことはないが、赤くはれるほか、頭痛や筋肉痛が数時間から数日続く。

まめちしき　自動車や植木鉢のうら、庭に置いたくつの中にいることもあるので要注意！

毒グモの日本代表
カバキコマチグモ

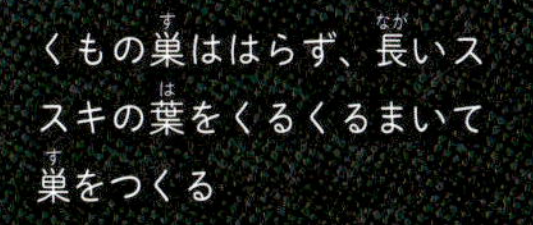

寝ているスキにグサーッ!?

毒メーター 3

日本のクモのなかでは、最強の毒をもつ。咬まれると針でえぐられたようなするどい痛みがあり、大きくはれたり、水ぶくれができたりすることもある。6月になると子づくりのためオスが活発になり、夜に家の中に入りこんでくることもあるので気をつけよう。

まめちしき　子グモは、1回目の脱皮を終えると、全員で母グモを食べて成長する

世界一巨大&凶暴なムカデ

ペルーオオムカデ

ワインレッドや黄色などの派手な色は、毒をもつことを知らせる警告色

激痛

ここに毒

毒メーター 5 4 3 2 1

危険を感じると、体の上半分を大きく持ち上げていかくする

体長 20 ～ 40cm

南アメリカ北部

ブラジルやペルーなどの熱帯雨林にすみ、えものを探して木に登ることもある

コウモリやヘビもペロリ！

世界最大の猛毒ムカデ。とても凶暴で、触れた者には一瞬で咬みつく。昆虫やトカゲなどのほか、サソリやコウモリ、小型のヘビまでおそう。毒は人間のおとなを殺すほどの量ではないが、咬まれるとはげしく痛んで熱が出るほか、ひどいと咬まれた部分の皮ふがはがれ落ちることもあるという。

くらべてみよう！

ムカデとヤスデの足は何本ある？

ムカデは「百足」と書くが、すべてのムカデが100本も足があるわけではない。オオムカデのなかまは、21対（42本）の足しかないようだ。ただしジムカデは、最多で177対（354本）をもつ。さらに同じ多足類のヤスデは、最多で750本の足をもつ例がある。

まめちしき 強力な牙をもち、プラスチックでできた網をやぶったという報告もある

絶滅したと思われたまぼろしの毒生物

キューバソレノドン

7500万年前にあらわれた“生きた化石”

するどい前歯で攻撃して、昆虫やクモ、カエル、ヘビなどを食べる

長い爪で地面をほる。垂直な木にも登れる

毒メーター
5
4
3
2
1

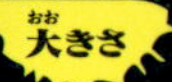

体長 30㎝

生息地

キューバ

一時は絶滅したと思われたが、1999年に再発見された珍獣。カリブ海にうかぶキューバ島のかぎられた場所にしかいない。ソレノドンという名は、ギリシャ語で「みぞのある歯」という意味。この歯をえものの体につき刺して毒入りのだ液を注入すると考えられる。咬まれた部分は赤くはれあがるという。

下あごから生えた大きな2本の牙の内側にみぞがある

くらべてみよう！

毒をもつほ乳類

ほ乳類で、毒をもつ生物はめずらしい。ほかには、カモノハシ（→104ページ）やスローロリス（→110ページ）などがいるが、みな古い時代にあらわれたほ乳類だ。大昔は、えものを毒で弱らせて食べるほ乳類が今より多かったと考えられている。

まめちしき ネコやマングースなどによって狩られてしまい、現在また絶滅の危機にある

かわいい顔のサイコキラー

ブラリナトガリネズミ

トガリネズミ類としては大型で、がっしりした体つき

マヒ

毒メーター
5
4
3
2
1

えものを生かしたまま食い続ける！

大きさ

体長 7.5 ～ 10.5㎝

生息地

北アメリカ東部

ハムスターのように小さくてかわいらしいが、じつはマムシよりも強い毒をもち、ウサギなど自分より大きな動物もおそう。毒は殺すためではなく、動けなくするために使う。生きたまま食べることで、大きなえものでも死んで肉をくさらせることなく食べきれる。かしこくも残酷な方法だ。

森林にすみ、岩の割れ目やたおれた木などをすみかにしていることが多い

ここに毒

だ液に神経をマヒさせる強力な毒がふくまれている

もっと知ろう！

超音波も使えるほ乳類！

最近の研究で、ブラリナトガリネズミやキューバソレノドン（→42ページ）は、超音波を発していることがわかった。コウモリと同じように、超音波で行き先を確認したり、えものの位置を特定したりするほか、なかまと交信することもできるという。

まめちしき　オスはとてもくさいにおいを出して、敵を遠ざけているらしい

とにかくド派手

ヒョウモンダコ

頭には脳のほかに胃や腸、
生殖巣なども入っている

ここに毒

毒メーター 5

大きさ

全長 12cm

生息地

西太平洋〜インド洋のあたたかい海

ドギツいヒョウ柄でいかくしまくり!

海底にひそむヒョウモンダコ。まわりの環境に合わせて体の色をかえることができる

興奮すると、肉食動物のヒョウのようなもようがうかび上がることから「ヒョウモンダコ」と名づけられた。フグと同じテトロドトキシンという猛毒をもつ。体の中心にあるくちばしで咬まれると神経がマヒして、ふるえたり吐いたりするほか、息ができなくなって死ぬこともある。

危険を感じると、表面に青いリング状のもようがうかび上がる

のぞいてみよう!

タコの口にはくちばしがある!

目の下にある「ひょっとこ口」のようなつつ状の部分は「ろうと」といって、水やフン、すみなどを出すところ。本物の口は8本のうでの根元にあり、中にはするどいくちばしがある。ヒョウモンダコはその内側から毒液を出し、えものに注入するのだ。

まめちしき ヒョウモンダコは4種類おり、種類によって毒の強さにちがいがあるとされる

海中にひそむ猛毒ヘビ

イボウミヘビ

ここに毒

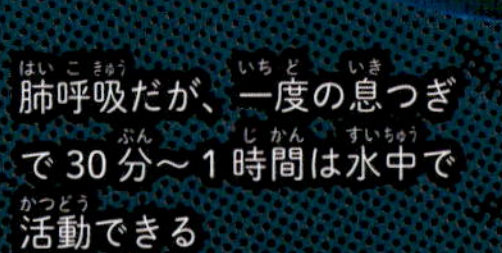

毒メーター 5

自由自在に海をニョロニョロ！

ウミヘビは、毒ヘビのコブラのなかまが進化して水中で生活するようになったものとされる。なかでもイボウミヘビの毒は強く、１匹で 53 人を殺せる毒量をもつという。咬まれると神経がマヒして、呼吸や心臓の動きが止まる。

まめちしき　ウミヘビの肺は陸のヘビよりも大きく、一度にたくさんの酸素をたくわえられる

イヌのように大きな牙をもつ
オウゴンニジギンポ

出血

ここに毒

大きな牙にはみぞがあり、下あごにある毒腺から毒を注入する

魚なのに牙がある!?

魚でゆいいつ、毒牙をもっているギンポのなかま。下あごに２本のするどくとがった犬歯がある。毒は弱いが、素手でつかまえると咬まれて出血することも。ほかの魚に食べられても、体内から咬みつくので、すぐに吐き出されるらしい。

毒メーター
5
4
3
2
1

まめちしき　ギンポ類の卵は、食べると中毒になることがあるので要注意

不老不死の夢をかなえる薬？

中国の昔の王様たちは、使いきれないほどのお金と、たくさんのめし使いをかかえていた。それらのお金や人を使って、王様たちが世界中で探し求めたのが、不老不死の薬。

やがて当時の学者たちによって、鉱物（石や砂）を不老不死の霊薬につくりあげる「煉丹術」があみ出された。そしてついに不老不死の薬とされる「丹薬」が誕生したのである。

丹薬には、辰砂というあざやかな赤色の鉱物がふくまれていた。その色が血、すなわち生命をイメージさせたのだろう。また、草木は燃やせば灰になって消えてしまうが、丹薬は燃やすと別の物質に変化し、さらに高温で熱するとふたたび元にもどる。何回でもくり返し元のすがたにもどることから、これが永遠の命をイメージさせたと考えられる。

しかしこの丹薬、じつは水銀や硫黄など、体に害のある物質がふくまれており、中国の歴代の王様のうち６人が、丹薬による中毒で命を落としたといわれている。

File 2

「刺される」とヤバイ猛毒生物

海や山で注意したいのが、クラゲやハチによる被害。ヤツらは体に危険な毒針をかくしもっている。ほかにも何千本ものトゲをもつヒトデや注射針のように大きな針をもつサソリなど、ブスリと刺されたらヤバイ生物がいっぱい！

本当にあった!?猛毒生物のこわい話

海の暗殺者！一瞬で命をうばう殺人クラゲ

CASE 02

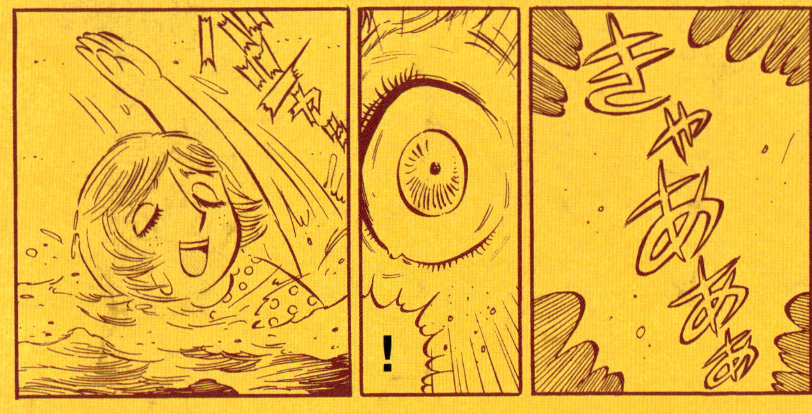

どうした!
パパー!

しっかり しなさい!
うう……

スー

ユラ
ユラ

だ、だれか、
早く救急車を……!

翌朝——
SEA
とある大学の研究室

今朝の新聞見た？　女の子が
ヨーク岬の海岸でおそわれたって……

バサッ
ああ。
“ヤツ”のしわざだろ？
Cape York
NEWS

今から半世紀以上前の1955年1月——

オーストラリア・
クイーンズランド州のビーチで
遊んでいた5才の少年が

なぞの生物に
おそわれて死亡した。

事故を知ったヒューゴ・
フレッカー博士は、海に
捕獲網をしかける。

その結果、
彼はおそろしい猛毒を
もつクラゲを発見した。

これまでに5000人以上の
命をうばったというそのクラゲは

ラテン語で“殺人者の手”を
意味する「キロネックス」と
名づけられた……！

オーストラリアで有毒生物の研究をしているこの博士も
過去に猛毒クラゲにおそわれたことがあった……。

ザザ
ザバ
ふー
チャプ…

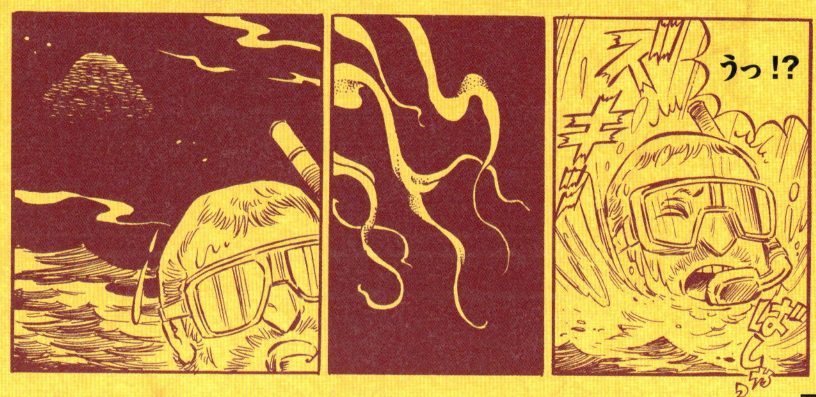
ズギ
うっ!?
ばしっ

ごぼぼ
ユラ
ユラ
ユラ
うわあぁぁっ！

幸いにも博士の命は助かった。ウエットスーツを着ていたのと、クラゲの毒をおさえる酢をすぐにつけたことが、彼の命を救ったのだ……。

そして現在――

博士は、キロネックスに小型の発信機をつけ、その生態を明らかにしようとしている。
チャプ……
チャプ……
調査が進めば、いつの日か、命を落とす人もいなくなるかもしれない。

しかし安心はできない。

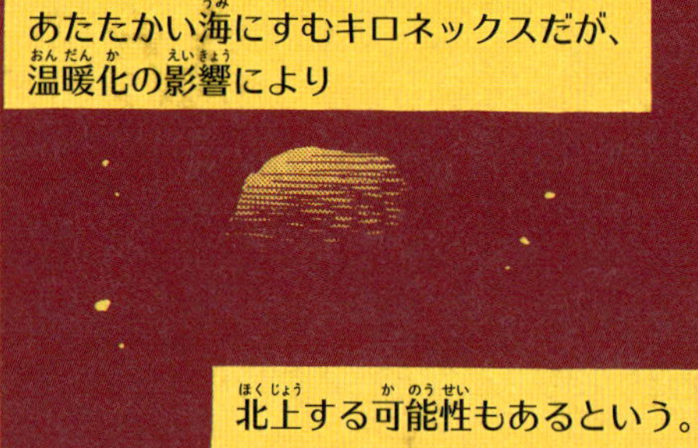
あたたかい海にすむキロネックスだが、温暖化の影響により
北上する可能性もあるという。

近い未来、日本の近くにも、彼らがやってくるかもしれない……。
ゴポポ…

刺されたら10分以内に死ぬ

キロネックス・フレッケリ

悪魔の手をもつモンスター

肉食で、魚や小エビなどを長い触手でとらえて食べる

毒メーター 5

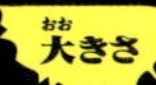

全長 3m

オーストラリア北部の沿岸部

時速約 7.5km（おとながランニングするくらい）の高速で泳ぐことができる。触手には、約 5000 個の小さな毒針があり、刺されるとものすごく痛い。ショック状態になっておぼれたり、心臓マヒで命を落としたりする人もいる。

まめちしき　和名は「ゴウシュウ（豪州）アンドン（行灯）クラゲ」という

カツオがとれる時期にやって来る

カツオノエボシ

海をさすらう怪しい影!

大きさ

全長 10m

生息地

赤道付近のあたたかい海

うき袋を海上に出してただよう。上から見るとしぼんだ風船のようだ

うき袋。危険を感じると、これをしぼませて海中にしずむ

ここに毒

触手は最長で50mにもなる

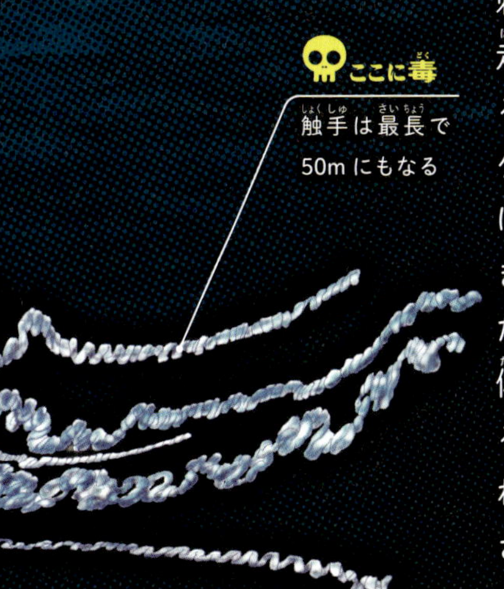

刺されると、まるで電気が走ったような強烈な痛みがあることから、別名「電気クラゲ」とよばれる。自分では泳げず、青い風船のような「うき袋」を海面にうかべて、ただよっている。まれに1000個体以上の大群になることもあるという。海岸に打ち上げられた死がいに触っただけで刺される場合もあるので、注意しよう。

もっと知ろう！

カツオノエボシは合体ロボット？

カツオノエボシは、たくさんのヒドロムシという個虫が集まって、1つの個体（群体）として生きている。それぞれの個虫は、うき袋の部分、触手の部分、えものを消化する部分、生殖をする部分と、4つの役割に分かれる。まるでヒーロー番組に出てくる合体ロボットのようだ。

まめちしき カツオノエボシの触手の中にすんで触手を食べる、エボシダイという魚がいる

ハブのように強い毒をもつ

ハブクラゲ

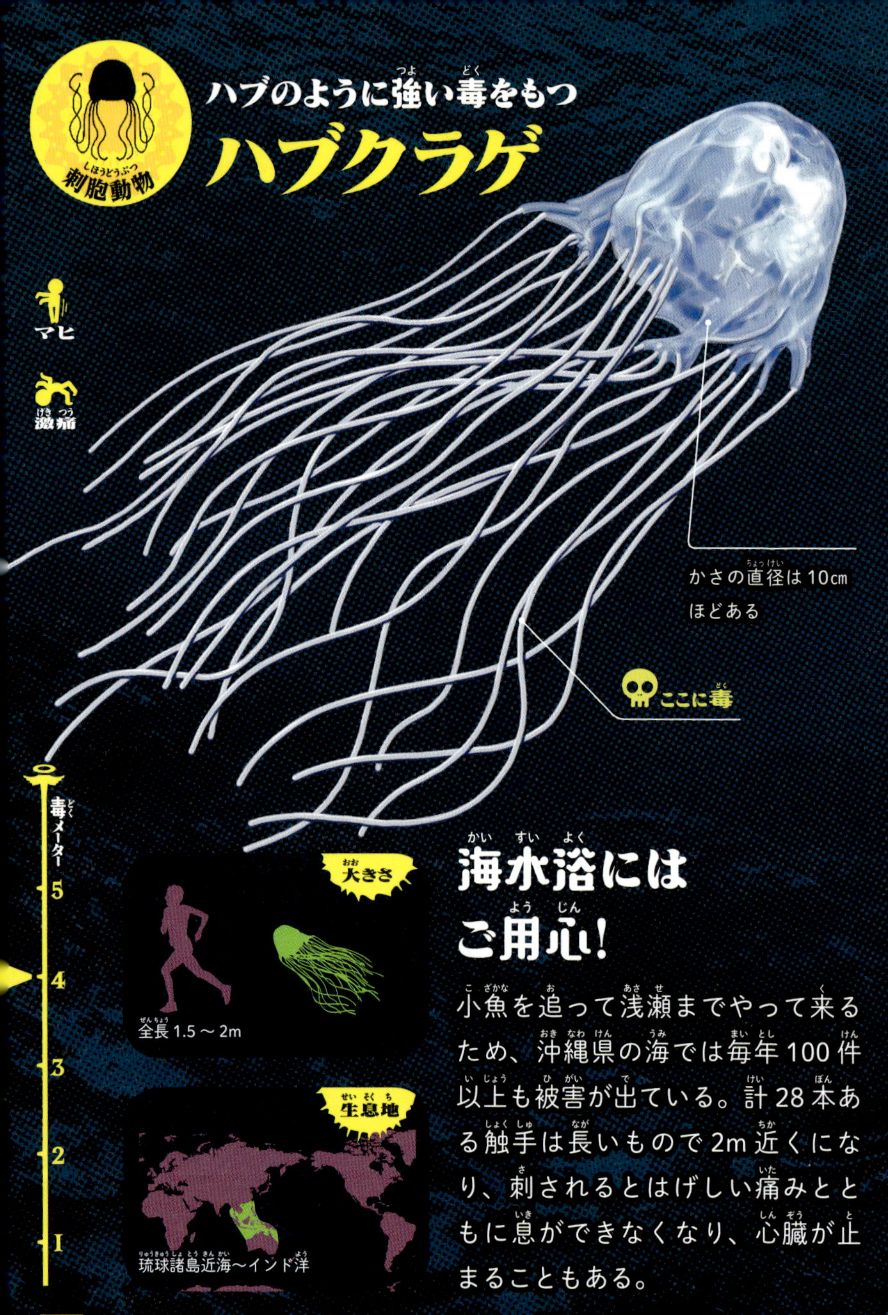

海水浴にはご用心!

小魚を追って浅瀬までやって来るため、沖縄県の海では毎年100件以上も被害が出ている。計28本ある触手は長いもので2m近くになり、刺されるとはげしい痛みとともに息ができなくなり、心臓が止まることもある。

まめちしき　ハブクラゲの針はごく短く、Tシャツを1枚着ていれば、はだを刺されずにすむ

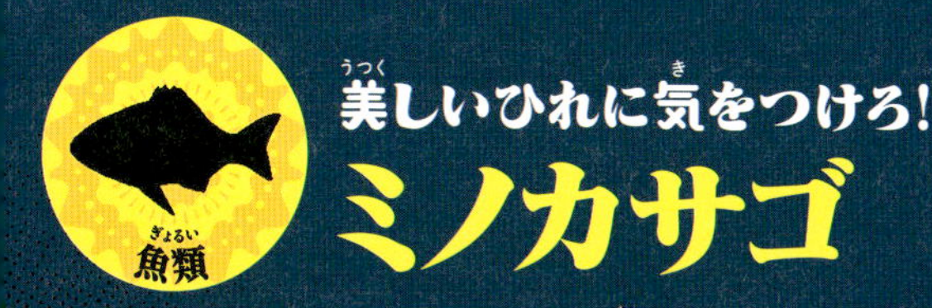

美しいひれに気をつけろ！

ミノカサゴ

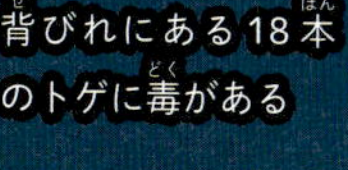

背びれにある18本のトゲに毒がある

敵が近づくと、鳥の羽のように胸びれを広げていかくする

腹痛

めまい

激痛

芸術的でアブないボディー

毒のトゲで身を守っている。刺されると、するどく痛んで赤くはれ、吐き気や関節痛などを引き起こす。最近の研究で、ひれをゆらゆらと動かしてなかまに合図を送り、複数で協力して狩りを行うことがわかった。

毒メーター
5
4
3
2
1

まめちしき　毒があるひれさえ取りのぞけば、からあげや塩焼きにして食べられる

名前も顔もこわすぎる

オニダルマオコゼ

毒メーター 5

体の下半分を砂にうめて、カモフラージュしている

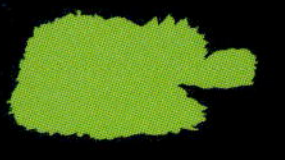

全長 35㎝

西太平洋〜インド洋のあたたかい海

砂にかくれて、えものの小魚やエビが近くに来るのをひたすら待つ

ここに毒

とがった部分に触れると、中から毒のトゲが飛び出してくる

海底からじ～っとにらむ！

「鬼達磨虎魚」という名前のとおり、鬼のお面のようなおそろしい顔をしている。ゴツゴツした体は、まわりの岩や海そう、サンゴそっくりに見えるため、気づかずにふんで刺される人が後を絶たない。毒はひじょうに強く、ガーンという衝撃的な痛みで心臓マヒを起こし、死亡するケースもある。

もっと知ろう！

オニダルマオコゼに刺されたら？

刺された部分を水で洗い、心臓に近い部分をひもなどで軽くしばって、毒が回るのをふせぐ。また、刺された部分を50℃くらいの熱いお湯に1時間ていどつけると痛みが少しやわらぐ。ただし、応急処置だけですまさず、必ず病院で治療を受けよう。

まめちしき 沖縄県ではなべやからあげにして食べる。白身でとてもおいしいらしい

海底をはうように泳ぐ

アカエイ

毒メーター 5 4 3 2 1

砂にもぐっているときは、尾をアンテナのように水中にのばして、近くにいる敵の存在をとらえる

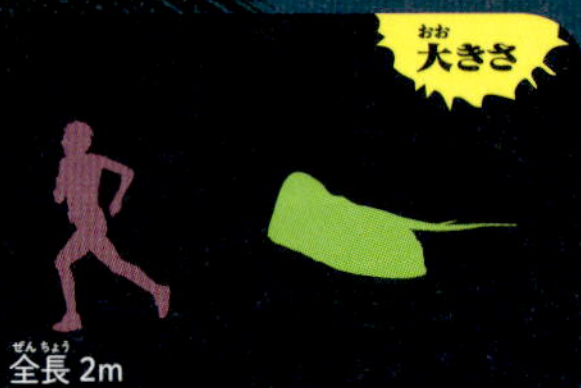

ふだんは海底でじっとして、砂の中にかくれている。腹側にある口の近くには、生物が発する弱い電流を感じ取る「ロレンチーニ器官」があり、これで貝やイカ、エビなどのえものを見つけて食べる。尾にある毒のトゲに刺されると焼けるような痛みがあり、傷口が灰色になって、吐き気や高熱、ふるえなどが起こる。

平たい体でえものの上におおいかぶさり、ゆっくりと食べる

ここに毒

毒のトゲ。敵が近づくと尾をふり回して攻撃する

巨大なトゲでグサリッ！

写真提供：鳥羽水族館

のぞいてみよう！

毒のトゲをよ〜く見ると？

毒のトゲの両側には「のこぎりの歯」のようなギザギザがついている。これが釣り針の「かえし」のような役割をはたし、刺されると引っかかってぬけなくなる。その間に「かえし」から毒液が体内に送りこまれるのだ。

まめちしき 天敵はサメで、サメの胃の中からよく見つかる

刺胞動物
ハワイの伝説の猛毒生物
マウイイワスナギンチャク
いくつも連なって、
群体で生きている
マヒ
致死
毒メーター
5
4
3
2
1
大きさ
直径 3.5cm
生息地
ハワイ・マウイ島沿岸

生物界最強クラスの超猛毒！

地球上にいる生物のなかで最強の毒をもつとされるイソギンチャクのなかま。理論上では、わずか4μg（※1μgは100万分の1g。1gは砂つぶ1つくらいの重さ）の毒が体内に入っただけで、人間は死亡する。毒は、心臓の筋肉や肺の血管をちぢめる作用があり、刺されると酸素が体に回らなくなり、息ができなくなって死ぬという。

口から細菌や微生物を体内に取りこみ、毒をためる

たくさんの口はすべて体の中央にある胃につながっている（写真はイワスナギンチャク）

もっと知ろう！

猛毒をつくり出す「生物濃縮」

生物濃縮とは、化学物質（毒）が食物連鎖をくり返して体の中にたまっていくこと。細菌や微生物のもつ毒は、1つ1つはごく弱いものだが、マウイイワスナギンチャクはそれらを大量に食べつづけることで、とても強い毒をもつようになったと考えられる。

まめちしき　スナギンチャク類は、体の中に砂つぶをうめこんで、体をかたくするという

別名・海のハリネズミ

オニヒトデ

激痛

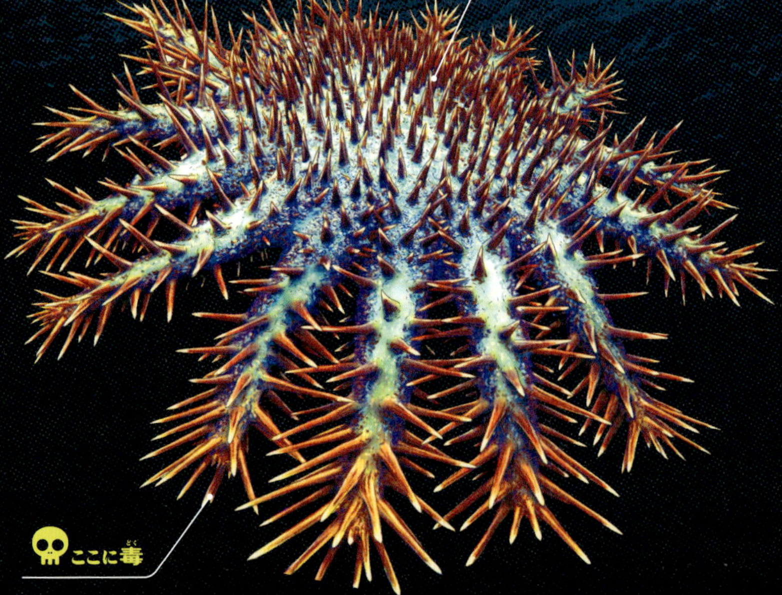

中央には肛門がある。うら返した腹側には、口がある
ここに毒

毒メーター 5 4 3 2 1

大きさ

生息地

8000本のトゲで完全防御！

主食はサンゴ。サンゴの上に乗ると、口からふくらませた胃を出して、消化液でとかして食べてしまう。トゲに刺されるとじわじわと痛みが広がり、傷口がはれて、その部分の細胞が死んでしまうこともある。

まめちしき　オニヒトデのトゲを数えたら、1個体で8080本あったという報告がある

軟体動物

自分より大きな魚も食べる

アンボイナガイ

矢のような歯をえものに刺して毒を注入する

マヒ
腹痛
めまい
激痛
致死

毒メーター
5
4
3
2
1

大きさ

からの高さ 12㎝

生息地

太平洋、インド洋のあたたかい海

ダブルの毒で魚を狩る!

口の中から矢のような形をした歯（歯舌）を出して、すばやくえものをつき刺す。水中に毒をまいて魚をよっぱらった状態にしてから、歯舌の毒で完全に動きをふうじるという「ダブル毒作戦」でえものをしとめる。

まめちしき　毒ヘビのハブのように毒が強いことから、沖縄県では「ハブガイ」ともよばれている

毒のきき方と種類

毒のきき方はいろいろある

毒にはたくさん種類があるが、決められた分類の方法がない。

同じ毒でも、生物によってきき方がちがうし、使い方しだいでは人の命や生活を助ける薬にもなるからだ（→170ページ）。そこでここでは、「人間の体に入ったときのきき方」による、毒の種類を紹介する。

まず、毒は「体に変化があらわれる速さ」によって、大きく2つのタイプにわけられる。1つは「慢性毒」で、長い時間をかけてゆっくり体に害をあたえるもの。もう1つは「急性毒」で、体内に入ってすぐに変化があらわれるものだ。

さらに、「体にあらわれる変化のタイプ」によって、細かくわけられる。ただし、実際には血液毒と神経毒がまざった毒をもつヘビもいるなど、体にあらわれる変化はもっと複雑なのだ。

急性毒
数秒から1日で、体に変化があらわれる。クラゲやヘビの毒のほか、覚せい剤などの薬物も、急性のものが多い

慢性毒
数か月から数十年と、長い時間をかけてじわじわ体に害をあたえる。発がん性物質や薬の副作用などがこれにあたる

体にあらわれるおもな変化7タイプ

種類	内容	おもな毒物の例
血液毒	血液に作用して、血が固まらずに体内から出つづけるようにしたり、赤血球（酸素を体中に運ぶ細胞）に影響して、酸欠状態にしたりする	・一部のヘビやクモの毒 ・一酸化炭素　など
神経毒	脳からの命令を伝える神経のはたらきをじゃまするので、体がこわばって動けなくなったりする	・一部のヘビ（コブラ）の毒 ・一部のクラゲ毒 ・フグ毒　など
筋肉毒	皮ふや筋肉をつくるたんぱく質をこわしたり、とかしたりする	・一部のヘビの毒　など
腐食毒（びらん毒）	触れた皮ふや粘膜の細胞をこわしたり、ただれさせたりする	・硫酸 ・水酸化ナトリウム　など
実質毒	体内に吸収されてから、内臓に害をおよぼす	・一部のキノコ毒
発がん毒	がん細胞ができやすくなる	・魚やパンのこげた部分　など
遺伝毒（遅延毒）	毒をくらった本人に変化はないが、うまれてくる子どもに害をおよぼす	・ダイオキシン　など

毒のきき目は生物しだい

毒のきき目は一定ではない。ある生物にとっては毒でも、別の生物にとってはよい効果をもたらす場合もある。

たとえば、人間が刺されたら数分で死んでしまうほどのクラゲの猛毒は、アカウミガメにはまったくきかず、それどころかクラゲをむしゃむしゃと食べてしまう。またヘビの毒は、とらえたえものを食べるとき、消化を助けるはたらきをする（→86ページ）。「何が毒となるか」は、生物によってちがうのだ。

極太針で息の根を止める

キイロオブトサソリ

ここに毒

尾にある毒腺で毒をつくり、針を刺して注入する

大きさ

体長 13cm

生息地

アフリカ北部〜中東

サソリに紫外線を当てると緑色に光る。理由はよくわかっていない

毒でえものをしびれさす！

昼は石の下や巣穴にいて、夜になると活動する。ひじょうに気があらい

太い尾の先にある毒針で、バッタやコオロギなどの昆虫をおそう。毒によりえものの体がこわばって動けなくなったところを食べるのだ。人が刺されると、のどの筋肉がしびれてうまく声を出せなくなり、息ができなくなって死にいたる。生息地では、毎年、多くの人の命をうばうので、「殺人サソリ」とおそれられている。

くらべてみよう！

サソリは何のなかま?

サソリは、形は昆虫に似ているが、じつはクモに近い。毒グモは上あごに、サソリは尾の先に毒をつくる「毒腺」をもつ。そのため、毒グモは咬んで、サソリは刺して毒を注入する。クモには無毒のものもいるが、サソリはほとんどが毒をもっている。

まめちしき 「オブト」の名のとおり、尾が太いのがとくちょうだ

砂漠にすむ漆黒の死神

ジャイアントデスストーカー

毒液スプレーを噴射！

オブトサソリのなかでも、とくに尾が太く、毒の量も多い

マヒ

めまい

ここに毒

毒メーター
5
4
3
2
1

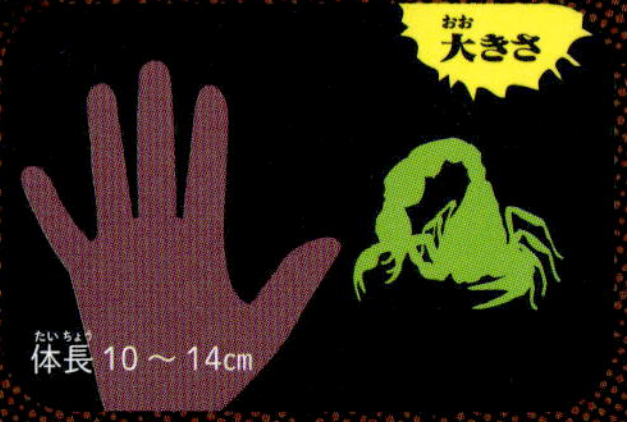

大きさ
体長10～14cm

生息地

和名は「ミナミアフリカオブトサソリ」。刺激されると尾をふって、針の先からしたたるほど大量の毒液を注入する。敵の目をめがけて毒液をスプレーのようにふきつけることもあるという。刺されると、ショック状態になって死亡する人もいる。

まめちしき　大型のメスは、１回に100尾以上の子どもをうむこともある

サソリ界ナンバーワンの巨体

ダイオウサソリ

巨大なハサミで切りきざむ！
ここに毒

がんじょうなハサミ。はさまれるとはげしく痛み、出血することもある

毒メーター 5 4 3 2 1

世界最大のサソリ。昆虫やムカデなどをえものとし、ハサミで体を切りきざんで食べる。体の大きさのわりに性格はおくびょうで、毒も弱い。毒針は身を守るために使われ、刺されてもはれたり、かゆくなったりするだけで死にはしない。

まめちしき　ダイオウサソリの毒は、心臓病の薬の成分としても効果が期待されている

身近にひそむ危険生物

オオスズメバチ

時速約40㎞のスピードで飛べ、1日に100㎞近い距離の移動も可能

昆虫やクモをおそい、巨大なあごで体をえぐる

毒メーター
5
4
3
2
1

大きさ

体長3～4㎝（働きバチ）

生息地

インド、東南アジア、東アジア

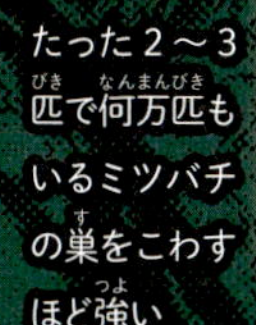

たった2〜3匹で何万匹もいるミツバチの巣をこわすほど強い

昆虫界最凶のギャング

日本でいちばん大きなハチで、山や森にすむ。巣に近づくと、まわりを飛び回り、あごをカチカチと鳴らしていかくする。うっかり近づきすぎて刺されると、激痛やはれるだけでなく、毒が脳に回って頭痛がすることも。2度刺されると、強いアレルギー反応（アナフィラキシーショック）を起こし死亡する危険もある。

ここに毒

毒針を刺すだけでなく、毒液を飛ばす攻撃もする

くらべてみよう！

ハチたちの仁義なき戦い

オオスズメバチは、自分たちより弱いミツバチの巣をおそって全滅させることもある。だがミツバチもだまってはいない。ニホンミツバチは、集団でオオスズメバチの体に群がって包みこみ、内部を高温にしてむし殺す「熱殺蜂球」というワザをくり出して撃退するのだ。

まめちしき　オオスズメバチの巣は、木の枝ではなく、木の空どうや地中につくられる

世界最大のハチ

オオベッコウバチ

横に広げた羽は、おとなの手のひらからはみ出すくらい大きい

毒メーター 5 4 3 2 1

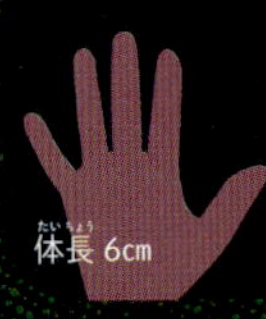

体長 6cm

北アメリカ南部〜南アメリカ北部

タランチュラをむさぼり食う！

別名「タランチュラホーク」とよばれ、オオツチグモ（→ 34 ページ）などの毒グモをおそう。毒針でマヒさせてから、巣穴に引きずりこみ、生きたまま体内に卵をうみつける。卵からかえった子どもは、毒グモを食べて育つのだ。

まめちしき　おとなは毒グモを食べず、花の蜜や花粉を主食にしている

地獄のような苦痛をあたえる

サシハリアリ

胴体の先にある毒針のほか、するどい牙でも攻撃する

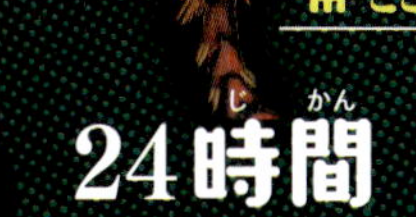

毒メーター 5 4 3 2 1

体長 1 〜 3cm

世界各地の熱帯地域

24時間エンドレスで痛い！

刺された痛みが24時間も続くことから、別名「24時間アリ」とよばれる。その痛みは、あらゆるアリのなかでも最強とされ、焼いた針で刺されたような激痛やけいれんに苦しむ。群れをつくらず、単独で狩りをする

まめちしき　サシハリアリに20回刺されてたえられた者を「戦士」とみとめる部族がある

チームプレーでいっせい攻撃

アカヒアリ

刺されると焼けるように痛いため「ファイアー・アント（炎のアリ）」ともよばれる。このアリがおそろしいのは、数千、数万匹といった集団で、ものすごいスピードでいっせいにおそいかかってくるところ。昆虫だけでなく、ネズミなどの小さなほ乳類もおそって食べるという。アメリカでは、毎年100人以上が刺されて死亡している。

刺されたところは赤くはれて、水ぶくれのようになる

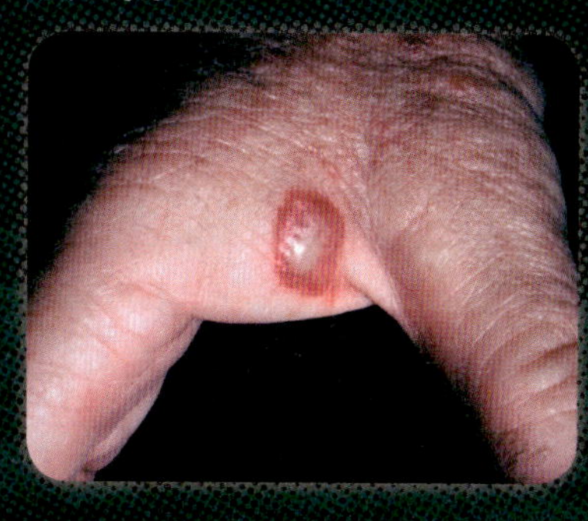

土の中に、最大で深さ180㎝もの巨大なアリ塚をつくる

一度に何匹ものアリに刺されると、アレルギー反応を起こして死ぬこともある

もっと知ろう！

いかだや橋もつくる！

アカヒアリは洪水に遭遇すると、おたがいの体をからめ合って「いかだ」をつくり、水の上にうかんで身を守る。また、木の上ではなれた葉の間を行き来するため、一部のアリが集まって橋をつくり、ほかのアリたちを通すこともあるという。

まめちしき　アカヒアリのすみかをうばう「クレイジーアント」というアリもいる

子ネコみたいな猛毒毛虫
プス・キャタピラ

毒のある毛を飛ばすこともある

ふ化後、日がたつにつれ毛が長くなり、やがて全身をおおう

毒メーター
5
4
3
2
1

原寸

体長 3cm

生息地

北アメリカ中部〜南部

モフモフな毛の下にするどいトゲ！

サザン・フランネル・モスというガの幼虫。名前の「プス」は「子ネコ」、「キャタピラ」は「毛虫」を意味する。一見すると、丸まって眠るかわいいネコのようだが、その毛の下には猛毒のトゲをかくしもっている。刺されると、骨にまで達するような強い痛みがあり、痛みは長くて12時間ほど続くという。

うら（下）から見たところ。まるで寝袋に入っているようだ

もっと知ろう！

もしも毛虫に刺されたら……

毛虫のトゲはとても細く、触ると何本も皮ふに刺さる。刺されたときは、まず水で洗い流し、そのあと粘着テープなどをはってトゲをはぎとる。毒性が強いものの場合は、必ず病院へ。症状がひどくなるため、刺されたところは絶対にこすってはいけない。

まめちしき　寄生虫がよりつかないように、出したフンを遠くに飛ばす習性がある

有毒生物は、自分の毒で死なないの？

　ヘビやクラゲは、体の中に毒が入っているのに、なぜ平気なのだろうか。

　たとえば、クラゲの触手には「刺胞」という毒の入った袋のようなものがある。えものが刺胞に触れたときだけ、そこから針が飛び出して、毒液が注入されるのだ。このしくみは、注射器に似ている。

　ヘビの毒も同じで、ふだんは毒が体の中にもれないように、一部分にためられている。そして、えものや敵を咬んだとき、はじめて外に出るしくみになっているのだ。

　さらにヘビの毒のなかには、筋肉や血液の原料となるたんぱく質をこわすものがある。これにはえものを弱らせるだけでなく、私たちのだ液のように消化を助ける役割もあるのだ。というのも、ヘビは人間のように奥歯がないため、えものはすべて丸のみにする。そのとき毒によって皮ふや筋肉がこわされていると、やわらかくてのみこみやすいだけでなく、速く消化ができて助かるのである。

File 3
「触る」とヤバイ
猛毒生物
宝石のように美しいカエルや、
ぬいぐるみみたいにかわいいサル。
思わず触りたくなってしまうけれ
ど、超危険！　敵から身を守るた
めに、体の表面を猛毒のネバネバ
やトゲトゲでガードしている生物
たちもいるのだ……！

黒魔術!? 触れた者に死をよぶ金色のカエル

CASE 03

南米・アマゾンの熱帯雨林のおく深く——
ドンタタ
ドンタッ

ドコドン
ドッ

ブオ

博士(はかせ)〜……

翌朝
博士、待ってくださいよ～
ガサ
ガサ
こんなところに本当に
"アレ"がいるんですか？
いるとも！
宝石のように美しい金色のカエル！

は、博士
あれ！
？

おお！

ピクッ
こ、これは……
ふらっ
なんと美しい！

モウドクフキヤガエルは、
皮ふから絶えず毒が出ており、
触れるだけでも危険である。

翌日、博士の体調が急変した……。

HOSPITAL
カエルの毒におかされた博士は、日に日に体が弱っていった……。

ここです、さあ早く!
はー
はー

かれらは……?

アマゾンでくらすインディオの祈禱師です
博士を治せるかもしれません

ゴシゴシ
ゴシゴシ

助けてくれるのか……？
はー
はー

スパッ
スパー

くるっ
くるっ

スリスリ
？

ほ
ゴニョ
ゴニョ
ゴニョ
うわっ
ごほん
ごほん
祈禱師たちは、一族に代々伝わる秘術を博士にほどこした。

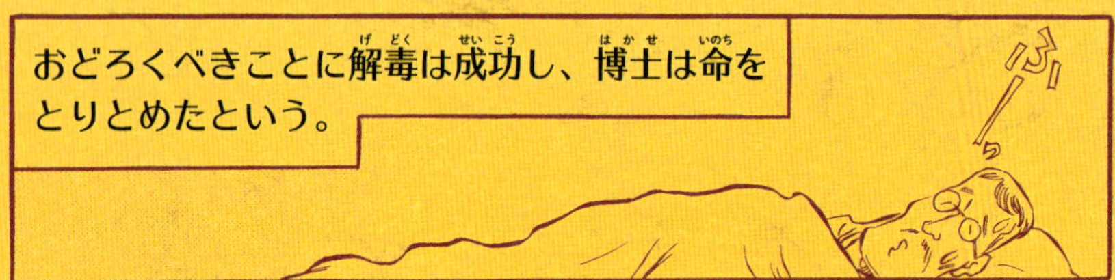

おどろくべきことに解毒は成功し、博士は命をとりとめたという。
ふーっ

アマゾンにすむインディオたちは、古くからモウドクフキヤガエルの毒を“自然の化学兵器”として狩りの道具に利用してきた。

矢じりにぬられたその毒は、1年以上たってもきき目がおとろえないという。

宝石（ほうせき）のように美（うつく）しい

モウドクフキヤガエル

ド派手（はで）な黄色（きいろ）で警告（けいこく）！
ここに毒
ハエやコオロギ、アリなどの昆虫（こんちゅう）を食（た）べる

マヒ

致死（ちし）

毒（どく）メーター 5

皮（ひ）ふから神経（しんけい）に作用（さよう）する毒（どく）を出（だ）して身（み）を守（まも）る。1匹（ぴき）で10人（にん）が死（し）にいたる猛毒（もうどく）だ。黄色（きいろ）以外（いがい）に、オレンジ色（いろ）やミント色（いろ）をした個体（こたい）もいる。これは「警告色（けいこくしょく）」といって、わざと目立（めだ）つ色（いろ）をして毒（どく）があることをしめし、敵（てき）を遠（とお）ざけているのだ。

まめちしき　生息地（せいそくち）にいる昆虫（こんちゅう）を食（た）べて毒（どく）をたくわえるため、えさをかえると無毒（むどく）になる

猛毒を吐くコブラ

リンカルス

牙にあいた穴から、いきおいよく毒液を発射する

毒霧で目つぶし！

大きさ

全長 90 ～ 110㎝

生息地

アフリカ南部

穴があいている部分は気管。食道と分かれているため、えものを丸のみしても窒息しない

毒液は水っぽくさらさらしているので、よく飛ぶ

別名「ドクハキコブラ」ともよばれ、おそってきた敵の目をめがけて毒液を発射する。ねらいはとても正確で、毒液は最大で2.5mも飛ぶらしい。毒が目に入ると強く痛むが、苦しくても引っかいてはいけない。傷口から毒が体内に入ると、熱や吐き気、腹痛、けいれん、めまいなどが引き起こされるのだ。

もっと知ろう！

リンカルスの得意ワザは?

コブラ科のヘビは250種類以上いるが、リンカルスはそのなかでもいちばん体が小さい。そのため毒液は、自分より大きな体の敵から身を守るために使う。しかし、効果がないときは、あお向けにたおれて「死んだふり」をするそうだ。

まめちしき リンカルスは体の中で卵をかえらせてから、20匹以上もの子ヘビをうみ落とす

日本最大のヤスデ

ヤエヤマフトヤスデ

くさい毒液をジワリ

森や山の落ち葉の下や木のまわりにいて、くさった葉やコケ類などを食べる

毒メーター
5
4
3
2
1

大きさ
全長8～9㎝

生息地
日本（八重山諸島）

日本の南の島だけに生息するレアな生物。体の横にある穴から黄色っぽいくさい液を出して、敵から身を守る。毒液に触るとヒリヒリと痛み、皮ふに黒いしみができる。しみはしぜんと消えるので心配ないが、水ぶくれになってしまうこともある。毒液が目に入ると、はげしく痛むので注意が必要だ。

スダジイという木の幹にはりついているところ

たくさんの足を波打たせるようにして歩く。足は多いがスピードはのろい

もっと知ろう！

ヤスデは森の守り人

落ち葉を食べるヤスデのフンは、栄養たっぷりで、木を成長させる天然の肥料になっている。外見から気持ち悪がられることの多いヤスデだが、森林を守るために大切な役割をになっているのだ。見つけてもいじめないようにしよう！

まめちしき ヤスデとムカデは似ているが、別のグループの生き物だ

奥歯に毒をかくしもつ

ヤマカガシ

めまい

ここを強くおすと皮ふから毒液が出てくる

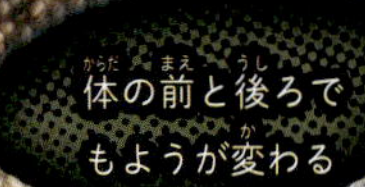

首をつかむと毒液ブシャー！

毒メーター 5 4 3 2 1

全長 60 ～ 100cm

日本（本州、九州、大隅諸島）

ヤマカガシは奥歯に毒があるめずらしい毒ヘビ。咬まれるとあざになったり、内臓や脳から血が出たりする。さらに首には毒を入れた袋のようなものがあり、強くおすと毒液が飛び出す。水田や川など、人間の身近なところにすんでいる。

まめちしき　オオヒキガエル（→右ページ）などを食べて、体に毒を取りこんでいるとされる

カエル界の番長

オオヒキガエル

毒のミルクが体に入ると激痛を引き起こし、目に入ると失明する危険もある

毒のミルクをしぼり出す

日本では海辺や人の家のそばにもあらわれるが、気安く触ってはいけない。ヒキガエル類は、目の後ろ部分に毒をつくる器官があり、刺激するとミルクのような毒液を出す。オオヒキガエルは、さらに毒液を敵の目や口めがけて1mも飛ばすことができる。

毒メーター 5 4 3 2 1

まめちしき　海外ではイヌやネコのペットフードをうばって食べるすがたも目撃されている

かわいい悪魔

カリフォルニアイモリ

マヒ

しびれ

皮ふだけでなく、筋肉や内臓、血液にも毒がある

全身毒だらけ!

毒メーター 5 4 3 2 1

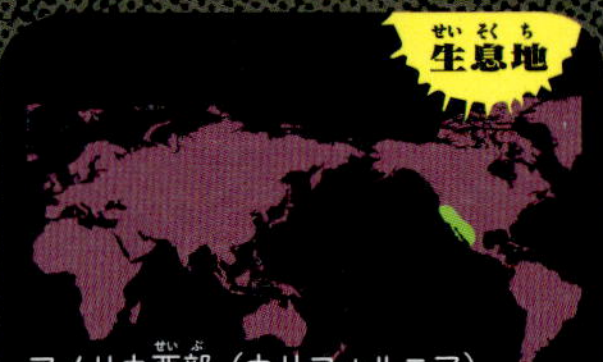

背中のいぼから、フグ（→151ページ）と同じテトロドトキシンをふくむ毒液を出す。毒が体内に入ると死ぬおそれがある。おなかは明るいオレンジ色で、敵にねらわれると背中を反らして腹を見せ、毒をもっていることをアピールする。

まめちしき　卵にも毒があり、水中にもれ出た毒で池の魚が死んだという報告もある

ミイデラだけど実は出ない

ミイデラゴミムシ

夜行性で、水田や草地などしめった場所でミミズの死がいや昆虫を食べる

ここに毒

毒メーター 5 4 3 2 1

大きさ

体長 1.5 ～ 1.7㎝

生息地

日本、朝鮮半島、中国

別名「ヘッピリムシ」。おどろいたり刺激を受けたりすると、「プッ！」という爆発音とともに、おしりから毒ガスをいきおいよく出す。ガスの温度は100℃近くもあり、皮ふにつくとピリピリして水ぶくれになることもある。

まめちしき　毒ガスを食らうと皮ふが茶色にそまり、なかなか落ちない

見た目も体もふしぎな生き物

カモノハシ

川や池の底から昆虫や貝、ミミズなどをすくって食べる

痛～いキックで敵を撃退！

毒メーター

5

4

3

2

1

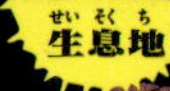

大きさ

体長 50 ～ 60cm

オーストラリア東部

カモノハシ（オス）の蹴爪。後ろ足のうら側にある「毒のう」という袋とつながっている

足の付け根部分にある「蹴爪」から毒液が出る

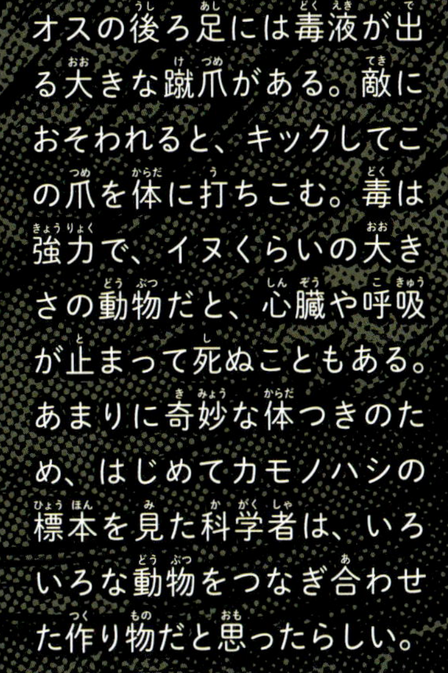

オスの後ろ足には毒液が出る大きな蹴爪がある。敵におそわれると、キックしてこの爪を体に打ちこむ。毒は強力で、イヌくらいの大きさの動物だと、心臓や呼吸が止まって死ぬこともある。あまりに奇妙な体つきのため、はじめてカモノハシの標本を見た科学者は、いろいろな動物をつなぎ合わせた作り物だと思ったらしい。

もっと知ろう！

カモノハシは何類？

水鳥のようなくちばしと手足に、カワウソのような毛がはえた体、魚のように水中を泳ぎ、卵をうむカモノハシは、どんな動物として分類すればいいか、専門家も頭をなやませた。最終的に、乳で子どもを育てることから、人間と同じ「ほ乳類」としてみとめられたのだ。

まめちしき　鳥の「カモの」ようなくち「ばし」をしていることが、名前の由来だ

毒による殺人

暗殺は貴族のたしなみ？

体に入るとおそろしい毒だが、うまく利用すれば、これほど心強い味方もいないだろう。

まだ文明が発達していないころ、人間はほかの動物と同じように狩りをして肉を得なければならなかった。しかしおのや弓で大型の動物と戦うのはとても危険で、けが人や死人がたくさん出た。そこで利用したのが、毒の力である。

森や草原にくらす原住民たちは、一部の動物や植物、昆虫に毒があることを経験的に知っていた。その毒を弓矢ややりの先にぬることで、確実にすばやくえものをしとめられるようになったのだ。

一方で、毒は自分にとって都合の悪い人間や気にくわない人間をひそかに殺すためにも用いられた。暗殺である。

毒による暗殺は、古代ローマ時代（紀元前300年ごろ）からさかんに行われていたという。紀元前に今のヨーロッパ地方に存在したポントス王国の王・ミトリダテス６世は、毒殺をおそれるあまり、毎日少量の毒を飲んで、毒に対する

古代から中世、近現代にかけて、さまざまな毒が人間によってつくり出された

抵抗力をつけていたという記録が残されている。
　また、中世ヨーロッパでは、修道院の中に「アポセカリー」という薬とともに毒をあつかう店があり、権力者や貴族たちが毒を買い求めて、毒殺が一大ブームになったこともあったという。

おそろしい大量虐殺兵器の誕生

　近代に入ると、毒は戦争の兵器としても使われるようになった。そこでうみ出されたのが、一度にたくさんの人間を殺す毒ガスである。はじめて毒ガスが使われたのは第一次世界大戦中。ドイツ軍がフランス軍に対して塩素ガスを使用し、1万4000人の中毒者と5000人の死者を出した。毒ガスは爆弾などにくらべて、安く、大量につくることができたため「貧者の核兵器」とよばれ、世界各国でさまざまな毒ガス兵器が開発された。
　しかし毒ガスは、残酷な兵器である。吸った者にすさまじい苦しみをあたえ、生きのびても重い後遺症が残って人生を台無しにしてしまう。そのため第二次世界大戦後の1997年に「化学兵器禁止条約」が結ばれ、現在は世界各国で毒ガスをつくること、もつこと、使うことのすべてが禁止されている。

南の島にひっそりくらす

ズグロモリモズ

しびれ

ここに毒

ひどいにおいとオレンジ色で、毒があることを敵に知らせていると考えられる

5
4
3
2
1

皮ふや羽毛にある毒によってヘビなどの敵から身を守っているようだ

体長 20 ～ 30㎝

生息地

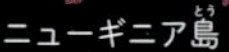

毒をもつ伝説の鳥!?

古代の中国には毒をもつ鳥の伝説があったが、実際にはいないと考えられていた。ところが1990年に、ニューギニア島にすむ「ピトフーイ」という鳥のなかまに毒があることが発見された。ピトフーイは6種類おり、なかでもズグロモリモズは最強の毒をもつ。ある研究者が羽毛を舌にのせたところ、口と鼻の粘膜がマヒして熱くなったという。

毒の強さは青酸カリの2000倍ともいわれる

くらべてみよう!

ヤドクガエルと同じ毒?

ズグロモリモズの毒は、モウドクフキヤガエル（→ 95 ページ）と同じ種類の神経毒。モウドクフキヤガエルは、昆虫などのえものを食べることで少しずつ体内に毒がたまるため、ズグロモリモズも同じように、食べ物から毒を得ていると考えられる。

まめちしき ズグロモリモズそっくりで、同じく毒のある「カワリモリモズ」という鳥もいる

かわいすぎる毒ザル

スローロリス

このあたりから
毒液が出る

毒メーター
5
4
3
2
1

大きさ

体長 27 ～ 38㎝

生息地

東南アジア

※ 強いアレルギー反応を起こして、息ができなくなったり、気を失ったりすること

枝分かれした木の間などで、丸まって体を休める

ナデナデすると痛い目見るよ？

毒をもつ、ゆいいつのサル。わきの下の近くから毒液を出し、それを手にこすりつけて歯にぬったり、なめとって全身にぬり広げたりして敵から身を守る。毒をぬった歯で咬まれると、アナフィラキシーショック※を起こして死ぬこともある。母親が子どもの体に毒をぬり、敵におそわれにくくしているようだ。

樹液や花の蜜、果実のほか、昆虫やクモ、カタツムリなどを食べる

もっと知ろう！

絶滅しそうなスローロリス

スローロリスは、その名のとおり動きがとてもゆっくりで、愛らしいすがたをしているため、ペットとして人気があり、現在もハンターなどに違法につかまえられている。そのせいでどんどん数がへっており、絶滅が心配されているのだ。

まめちしき 昼間は木の上でじっとしていて、地上にはめったにおりてこない

炎のような猛毒キノコ

カエンタケ

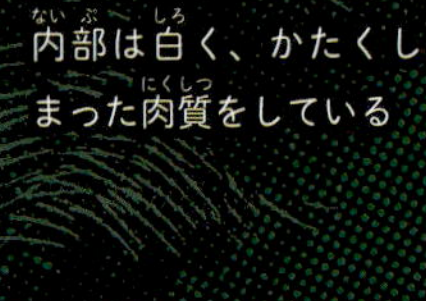

内部は白く、かたくしまった肉質をしている

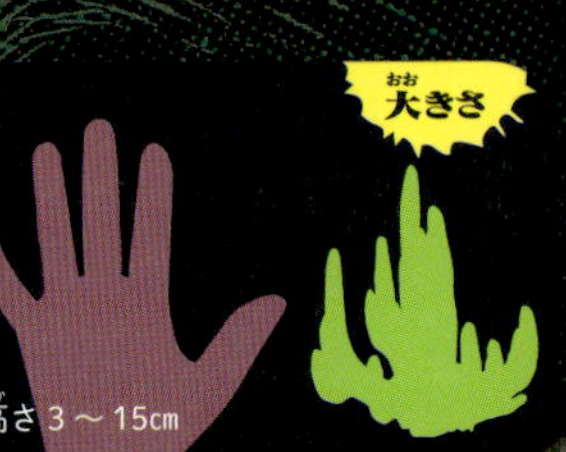

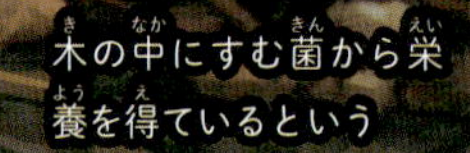

木の中にすむ菌から栄養を得ているという

夏から秋にかけて、ブナやナラの木の下などに生えてくる

触るだけでもケガをする！

「カエン」の名のとおり、1本から枝分かれして“火炎”のように見えるキノコ。とても強い毒があり、触っただけで皮ふがただれる。あやまって食べると、30分ほどで頭痛や手足のしびれなどの症状があらわれる。その後、内臓や脳の機能がマヒして死亡することもある。おそろしいことに、顔の皮がむけたり、髪がぬけたりする人もいる。

くらべてみよう！

触れるだけで死をまねく植物

オーストラリアのギンピーギンピーという植物の葉には、毛のように細かいトゲがびっしり生えていて、刺さると酸をスプレーされたようなはげしい痛みがおそうという。また、ニュージーランドに生えているイラクサの一種は、トゲが刺さっただけで死亡した例も報告されている。

まめちしき 2015年に奈良県の山で100本以上大量発生しているのが確認された

夏から秋にかけて要注意

アオイラガ

ここに毒

カキやナシ、ヤマナラシなどの葉を好んで食べる

激痛

毒メーター
5
4
3
2
1

大きさ

原寸

全長 2.5cm（幼虫）

トゲトゲがびっしり！

アオイラガというガの幼虫。毒をもつのは幼虫だけで、体中に数百本のトゲが生えている。トゲが刺さると、先が折れて毒が注入され、電流が走るようなするどい痛みを感じるので「電気虫」ともよばれる。

まめちしき　ほかにも「ハチグマ」「オキクサン」など数十種類のよび名がある

昆虫類

シャチホコみたいなポーズをとる

モクメシャチホコ

刺激すると、尾の部分から赤紫色の糸を出していかくする

さて、顔はどこでしょう?

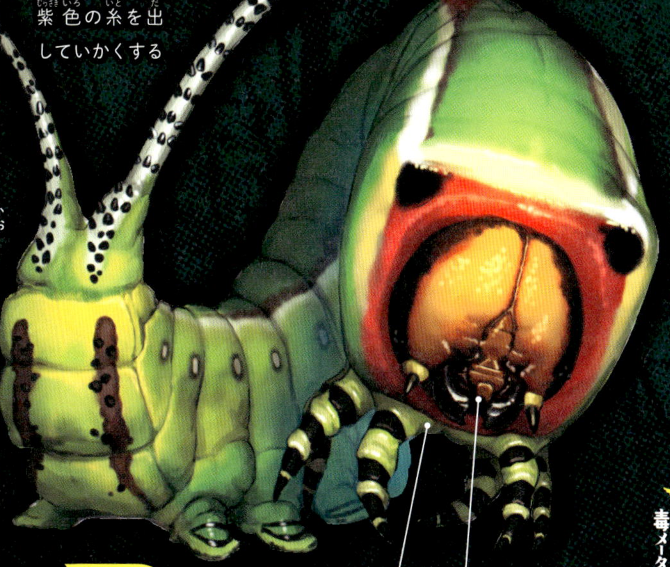

毒メーター 5 4 3 2 1

大きさ

体長 5.5㎝(幼虫)

生息地

日本(北海道～九州)など

モクメシャチホコというガの幼虫。6～7月にかけて発生し、ヤナギやポプラの木の葉などを食べる。胸の部分からアリやハチと同じ「蟻酸」という毒液を出す。触ると痛みを感じ、赤くはれることもある。

まめちしき　毒液を触ってしまったら、重曹を少しとかした水でよく洗うとよい

魚類

夜釣りでよく釣れる

ゴンズイ

ゴンズイ玉には近よるな！

あたたかい海にすむナマズのなかま。子どものうちは、フェロモンで集まり、だんごのようにかたまって「ゴンズイ玉」をつくって泳ぐ。トゲに刺されると赤くはれて焼けるような痛みがあるほか、ショック死することもある。

まめちしき　発音魚としても知られ、胸びれのトゲをこすり合わせて「ググッ」という音を出す

うそみたいだけど、本当にいる

アオミノウミウシ

猛毒クラゲを ムシャムシャ

胃の中に空気を入れて、海面にプカプカういている

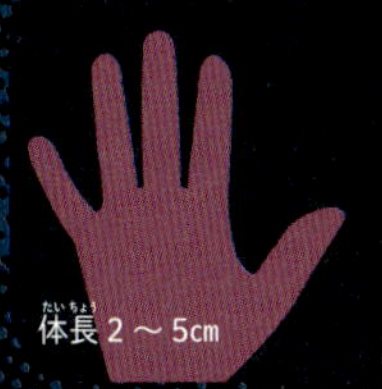

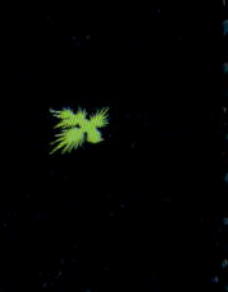

体長 2～5㎝

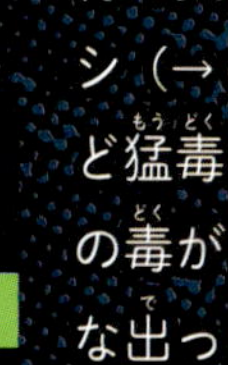

世界各地のあたたかい海

毒メーター 2

別名「ブルードラゴン」とよばれる青く美しいウミウシ。カツオノエボシ（→60ページ）やギンカクラゲなど猛毒のクラゲ類を食べる。クラゲの毒がきかないばかりか、指のような出っぱりにその毒をためて、自分の防御に利用してしまう。

まめちしき　1日に3000個以上の卵をうみ、海にまき散らすという報告もある

放射線をあびても死なない最強生物

放射線とは、とても大きなエネルギーをもった小さなつぶや光のことだ。ふだんは目に見えないため気づかないが、私たちのまわりでも、ごくふつうに飛んでいる。

ただしこの放射線は、たくさん当たると体に悪い場合がある。生物の細胞をこわしたり、体の設計図であるDNA（遺伝子）を傷つけたりして殺してしまう猛毒なのだ。

ところが最近、大量の放射線をあびても死なない細菌が見つかった。なんと人間が死ぬ量の1000倍以上の放射線をあびても平気だという。おどろくことにこの菌は、ふつう体に1つしかないDNAを4セットもっており、DNAが傷ついてバラバラになってもほかのDNAをお手本にしてすぐに元どおりにできるのだ。

さらにこの細菌のなかまには、火山の火口近くなどの超高温や、南極のような超低温の場所でも生きていけるものがいる。乾燥にも強く、体から水分をぬかれても死なず、水をあたえれば復活するという。まるで宇宙からやって来たような超生物だ。

File 4 「食べる」とヤバイ猛毒生物

見るからにヤバそうな色や形をしたものだけでなく、一見おいしそうなキノコや魚も、食べると命にかかわる毒をもつものがある。さらに身近な野菜や植物にも、意外に知られていない猛毒がかくされていた……！

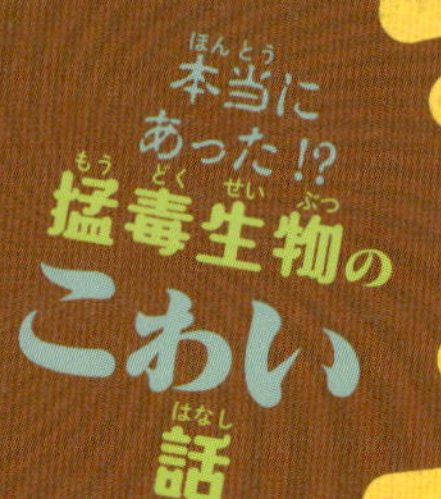
本当にあった!?
猛毒生物のこわい話

怪奇! 七色のまぼろしをうみ出す毒キノコ

CASE 04

1917（大正6）年・石川県のとある村——
お、今日はキノコのみそ汁か
おとなりのご主人からいただいたのよ。キノコ狩りに行ってきたんですって

あら、本当!
はははは

うん
ごくん
こいつはうまい!

あはははは
ひひひひ
?

その日の深夜——

はははは
お向かいの家の夫婦か……。
こんな夜ふけにさわがしいな

ぎょっ
!?

ごめん!
ガラッ
チョット静かにして
くれんかね!

ヨォー!　ソレ!　ヨォー!
あひゃひゃひゃひゃひゃひゃ!

おい、しっかりせえ!
はははは
ひひひ

ははははは
ひひひ
ガチャ!
アンタら気(き)でも触(ふ)れたのか?

翌朝——
医院

夫婦が食べたのは
「ワライタケ」という
毒キノコだった……。

ううっ……
頭がガンガンする

このような人の精神をくるわせる
キノコを“マジックマッシュルーム”
とよぶ。

食べた者は、世界が七色に満たされ、
空と大地の境がなくなり、体から魂が
ぬけ出すような神秘体験をするという。

しかし、まぼろしを見るだけではすまないこともある……。
2001（平成13）年・某県のマンション

クチャ
クチャ

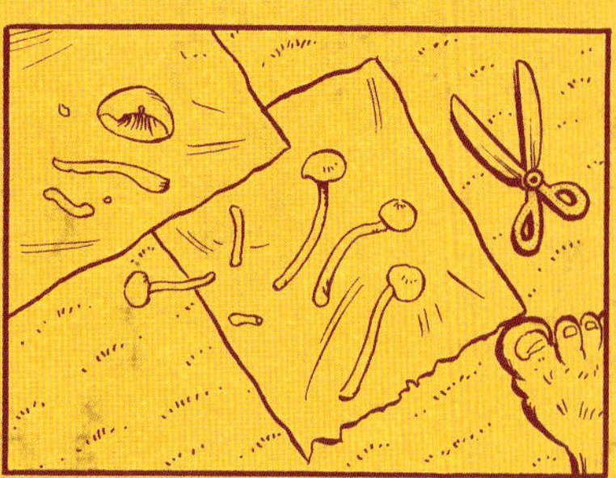

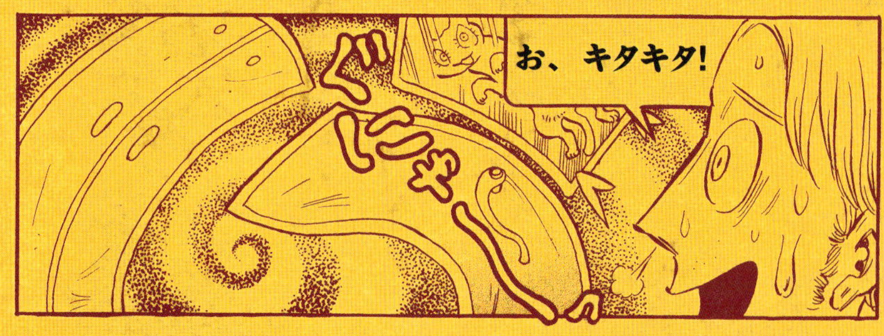
お、キタキタ!
ぐにゃ〜

あひゃあ

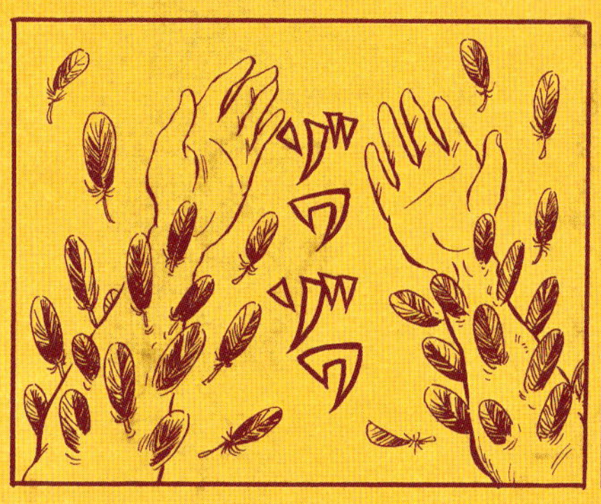
ゾワワ
ゾワワ

グエー！ッ
グエー！ッ
ば
ヒヒ…
ガラ…
おれは飛べる、飛べるぞおおう!

ドスン

きゃああ!
大変だ！
男が飛びおりたぞ!

現在、マジックマッシュルームは麻薬と同じように、
とることも食べることも禁止されている。

しかし食用のキノコと見分けがつかず、
あやまって食べてしまう事故が発生している。

もし山で知らないキノコを見つけても、絶対に食べてはいけない……。

キノコ類

ゆかいな名前のアブないヤツ

ワライタケ

くるったように笑い苦しむ！

かさはあわい灰色で、ベルのような形をしている

めまい

毒メーター 5 4 3 2 1

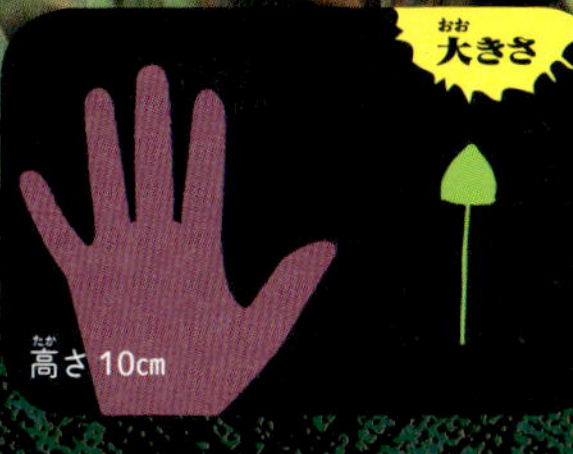

春から秋にかけて、山や畑に生える。食べると異常に興奮して、くるったようにおどったり笑ったりすることがある。とても楽しそうだが、自分の意思とは関係なく笑ってしまうため、息ができず、とても苦しいのだ。

まめちしき　ウシやウマなどのフンの上にも生える

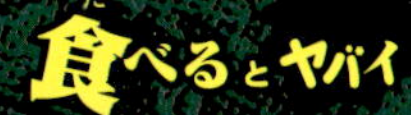

食べても1UPしません

ベニテングタケ

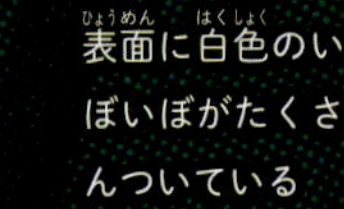

表面に白色のいぼいぼがたくさんついている

大きさ

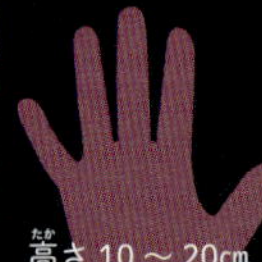
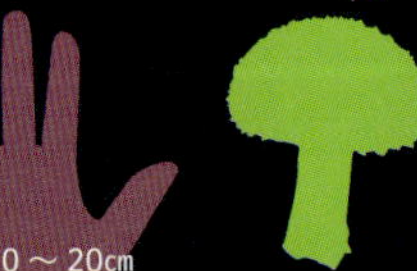

高さ 10～20㎝

生息地

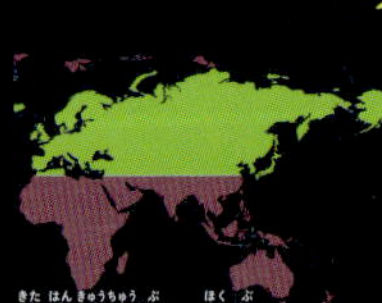

北半球中部～北部

ザ・毒キノコ！

ベニテングタケが輪になるように発生したものを「フェアリーリング（妖精の輪っか）」とよぶ

マツやシラカバなどの近くに生える

いかにも「毒キノコ」な見た目で、世界中で人気がある。ヨーロッパでは、見つけると幸せになるともいわれ、クリスマスにこのキノコをかいたカードをおくる習慣もあるほど。毒はそれほど強くないが、食べるとおなかが痛くなって、吐いたり便が止まらなくなったりするほか、めまいやけいれんで動けなくなることもある。

もっと知ろう！

キノコって植物なの？

キノコは「菌類」という生き物で、植物ではなくカビなどのなかまだ。カビを指で触るとほこりっぽく感じられるが、それは菌類の体が「菌糸」という糸のような細胞でできているからだ。それがものすごくたくさん集まって複雑なつくりになったものがキノコになる。

まめちしき 無毒で食用の「タマゴタケ」にとても似ているので、まちがえて食べないように注意！

ぐにゃぐにゃぐにゃぐにゃ

シャグマアミガサタケ

毒メーター 5

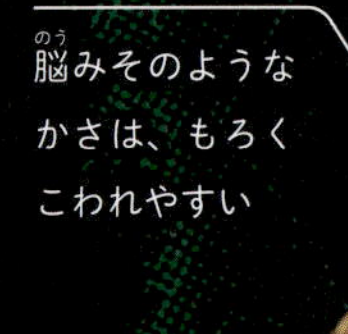

脳みそのような
かさは、もろく
こわれやすい

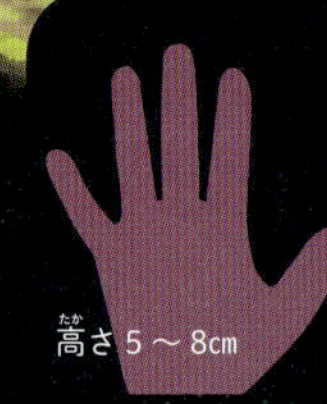

大きさ

高さ5～8㎝

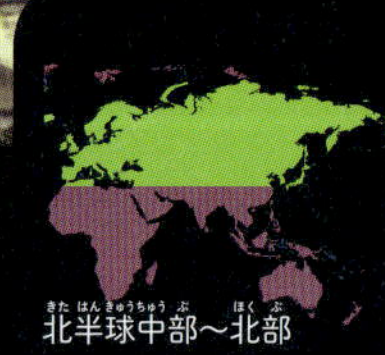

生息地

北半球中部～北部

脳みそが地面から生えた!?

毒キノコのなかでも、トップクラスに毒が強く、食べると半日ほどではげしい腹痛におそわれる。めまいやけいれんを起こすこともあれば、ひどいときは内臓から血が出て死んでしまうこともある。このキノコをゆでたときに出るゆげを吸うだけでも気分が悪くなるという、おそろしいキノコだ。

春にマツなどの針葉樹林の根元に生える

半分に切ったところ。かさの中は空どうになっている

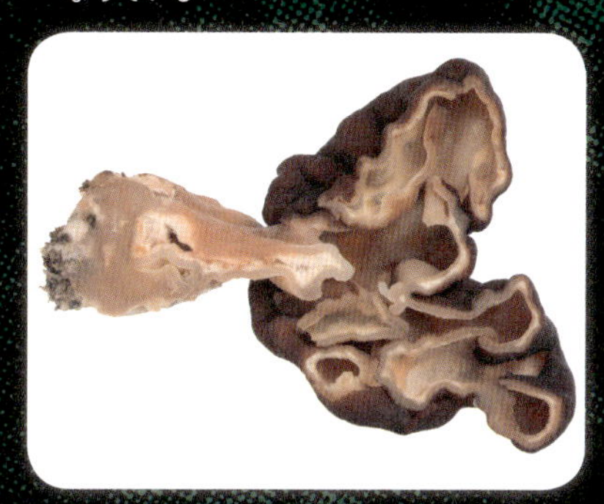

もっと知ろう!

毒キノコなのに食べられる!?

シャグマアミガサタケは、ゆでると毒が消える。フィンランドでは、昔から食べられており、市場で生のまま売られているほどだ。ゆでるとかさがやわらかくなり、シャキシャキした食感だという。ただし自己流で調理すると危険なので、絶対に食べてはいけない。

まめちしき どうしても食べたい人は、缶詰が売られているので、それを買おう

キノコ類
シイタケそっくり
ツキヨタケ
初夏から秋に、ブナなどの倒木や枯れ木に折り重なって生える
腹痛
しびれ
毒メーター
5
4
3
2
1
大きさ
かさの直径 10 ~ 20cm
生息地
日本、ロシア東部、中国北東部など

カメラで撮影すると、光っている様子がはっきりとわかる

闇夜にあやしい光をはなつ！

夜に、かさのうらが青白く光ることからツキヨタケと名づけられた。日本で最も食中毒の被害が多いキノコで、毎年50～100人がシイタケやヒラタケなどとかんちがいして食べてしまい、中毒を起こしている。食べると1時間ほどで腹痛が起こり、吐いたり便が止まらなくなったりする。景色が青白く見えることもあるという。

食用のシイタケやヒラタケに似ている

のぞいてみよう！

どうやって光るの？

ツキヨタケ以外にも、日本には10種類以上の光るキノコがある。これらのキノコは光って虫を集めることで、胞子（キノコの種のようなもの）を遠くに運んでもらうのだ。最近になって、キノコが光るのは、とくべつな発光物質が関係していることがわかった。

まめちしき 山形県の一部では、ゆでたあと塩漬けにして食べる習慣があったという

鳥のツルのように白い

ドクツルタケ

しつこく時間差攻撃！

根元にある筒のような部分を「つぼ」とよぶ。つぼは小さいキノコのときにできた膜がやぶれて残ったもの

毒メーター 5

大きさ

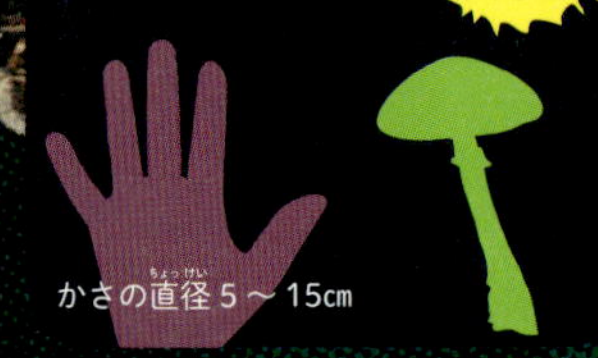

かさの直径5～15㎝

生息地

北半球中部～北部

夏から秋にかけて、林や森に生える。たった1本で、おとながひとり死亡するほどの猛毒をもつ。食後、腹痛を起こすが、1日ほどでおさまる。しかしそれに安心して治療しないでいると、その後内臓が破壊されて死んでしまうのだ。

まめちしき　白くて美しいのに猛毒なので、英名は「destroying angel（破壊の天使）」という

おいしいけど食べちゃダメ

ドクササコ

さわやかなにおいで味もまろやかなため、食用キノコとまちがえて食べる人が多い

1か月間、ず〜っと痛い！

毒メーター 5 4 3 2 1

大きさ

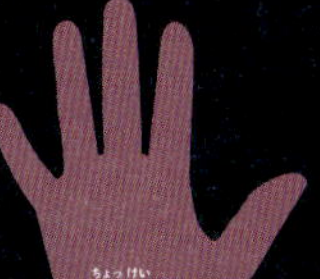

かさの直径5〜10cm

日本（東北地方〜近畿地方）

秋に広葉樹林や笹藪などに生える。中毒のはげしさから、別名「ヤケドキン」とよばれる。おそいときは食後1週間以上たってから手足や鼻の先などの体の末端が赤くはれ、その部分に火であぶられるようなもうれつな痛みが1か月以上も続く。

まめちしき　食べたあとすぐには変化が出ないので、ドクササコ中毒だと気づかない人も多かった

暗殺にも使われた猛毒植物

トリカブト

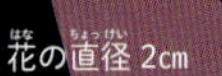

花の直径 2㎝

めまい

しびれ

北半球中部〜北部

致死

毒メーター 5 4 3 2 1

花言葉は“人間ぎらい”！

花や葉、茎、根などすべてに毒がある。とくに根の部分は毒が強い

1本の茎にいくつもの花が連なるようにさく

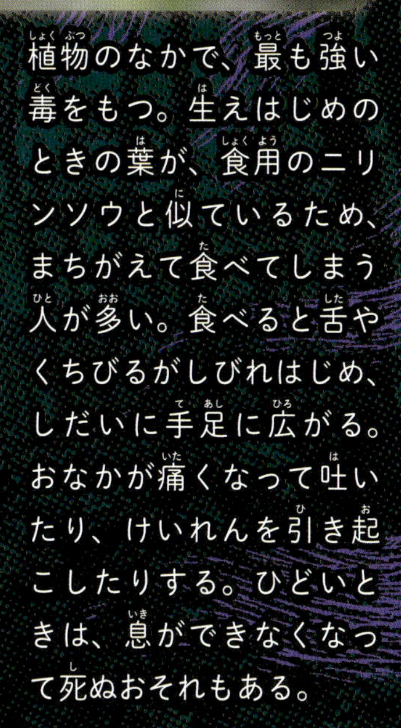

植物のなかで、最も強い毒をもつ。生えはじめのときの葉が、食用のニリンソウと似ているため、まちがえて食べてしまう人が多い。食べると舌やくちびるがしびれはじめ、しだいに手足に広がる。おなかが痛くなって吐いたり、けいれんを引き起こしたりする。ひどいときは、息ができなくなって死ぬおそれもある。

もっと知ろう！

毒にも薬にもなるトリカブト

北の大地の先住民族であるアイヌ民族は、トリカブトの根からとった毒を矢にぬってクマを狩ったという。一方で、中国やチベットでは、同じ根をせんじて漢方薬として飲んできた。痛みや冷えをやわらげ、おなかをくだしたときに飲むとよくなるという。

まめちしき　花がニワトリの「とさか」に似ていることから名づけられたという説がある

庭や空き地にも生えている

チョウセンアサガオ

マヒ

めまい

毎年8～9月ごろに、
大きなラッパ形の白い
花をさかせる

毒メーター

5

4

3

2

1

大きさ

花の直径 10cm

食べたらフラフラ！

葉、実、根、種にいたるまで、すべてに毒がある。葉はモロヘイヤ、つぼみはオクラ、根はゴボウ、種はゴマと、いろいろなものにまちがわれやすい。食べると、口がかわき、体がふらついて意識がもうろうとする。

まめちしき　江戸時代に、日本で世界初の全身麻酔手術をしたときの麻酔薬として使われた

育てやすくてじょうぶ

キョウチクトウ

燃やすと毒がパワーアップ！

腹痛
めまい
致死

毒メーター
5
4
3
2
1

枝や葉を傷つけると白い毒の液が出てくる

大きさ

花の直径 4～5㎝

生息地

世界各地のあたたかい地域

街路樹として見かけるが、腹痛や吐き気を引き起こす猛毒をもつ。燃やすと毒が強まる性質があり、枝をバーベキューの串に使って死亡した事故もある。燃やしたけむりを吸っても中毒を起こす。生えていた土にも毒が残ることがある。

まめちしき　きたない空気でも育つため、よく高速道路のわきに植えられる

梅雨の風物詩のうらの顔

アジサイ

腹痛

めまい

花の色は、土が酸性だと青、中性〜アルカリ性だと紫や赤になる

毒メーター

5
4
3
2
1

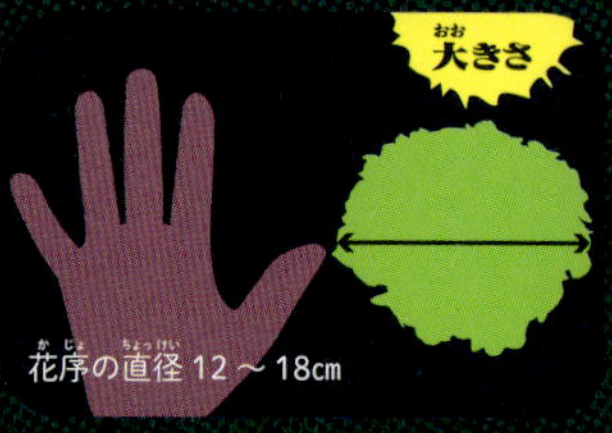

花序の直径 12～18㎝

日本、ヨーロッパ、アメリカ

じつは葉に毒がある！

6～7月に美しい花をさかせる。花だんや庭などにも植えられているが、葉を食べると中毒を起こすので注意。吐いたり、めまいがしたり、頭に血が上って顔が真っ赤になったりする。毒の成分は、いまだになぞだ。

まめちしき　お刺身などにアジサイの葉がそえられることがあるが、食べてはいけない

食べる前にチェックしよう

ジャガイモ(芽)

食べるときは皮をむいて、芽があるときは完全にとりのぞくこと

めまい

毒メーター 5 4 3 2 1

毒の芽がムクムク……

カレーの食材としてもおなじみの野菜だが、芽の部分にソラニンという毒がふくまれている。食べるとおなかが痛くなり、吐いたりめまいがしたりする。また、長い時間日光に当てるとソラニンがふえて皮が緑色になる。

まめちしき　ジャガイモはあたたかいと芽が出るので暗くてすずしい場所で保管しよう

身近にある毒物

家の中にも毒物がいっぱい!?

アジサイ（→140ページ）やジャガイモ（→141ページ）と同じように、じつは毒をふくんでいる身近な植物は、ほかにもたくさんある。

たとえば、リンゴ。正確には、リンゴの種にアミグダリンという成分がふくまれていて、これが胃の中で分解されると「青酸ガス」という毒になる。青酸ガスは殺虫剤や化学兵器として使われた猛毒だ。

じつはモモやサクランボ、ウメなどの種にも同じ成分がふくまれており、古代エジプト時代からモモの種を煮つめて毒をつくる方法が知られていたという。

ただし体に害をあたえるレベルになるには、リンゴを1000kg以上食べる必要があるため、ほとんど心配しなくてもよい。

一方、ホウレン草にはシュウ

種は飲みこんでも問題ないが、かじって食べないほうがよい

リンゴもモモもサクランボもウメも、すべてバラ科の果物だ

酸という苦みのもとになる物質がふくまれているが、これを大量にとると体内のカルシウムが固まって結石（小さな石）ができる原因となる。シュウ酸は水にとけるため、食べるときはよくゆでたほうがよい。

尿の通り道に結石ができると、おしっこがつまって神経を刺激するので、ものすごく痛い

こんな物も毒になる

ふつうに食べるだけならまったく無害でも、大量に食べると毒になるものもある。

たとえばアメリカでは、ある少年が1ℓのしょう油を一気飲みしたあと、けいれんして意識を失った。塩分のとりすぎで、細胞が傷つけられたためだ。

さらにいえば、水でさえごく短時間に大量に飲むと「水中毒」を引き起こして死ぬことがある。血液がうすまりすぎて、体の機能をたもてなくなるのが原因である。

こうして見ると、毒と毒でないものの線引きが、とてもあいまいなことがわかる。どんなものも、食べすぎにはご用心。

戦時中は兵役からのがれるために、わざとしょう油を一気飲みした人もいたらしい

見るだけにしておこう

タイマイ

腹痛

致死

野生では30〜50年生きる

口は鳥のくちばしのようにとがっていて、魚や貝、カニなどを食べやすい形だ

毒メーター
5
4
3
2
1

体長60〜110㎝

世界各地のあたたかい海

やわらかいサンゴを食べることもある

毒をもつ海ガメ!?

カメは日本ではほとんど食べられないが、まわりを海にかこまれた小さな島では、きちょうな肉として多く食べられている。赤道の近くにあるミクロネシアの島では、タイマイの肉を食べた6人が死亡し、100人近くが体調をくずした。毒の成分はなぞだが、食べ物から毒を吸収して体にためていると考えられる。

もっと知ろう!

絶滅しそうなタイマイ

タイマイは昔から食料として食べられてきただけでなく、こうらが工芸品や漢方薬の材料として使われるなど、世界各地で人間に狩られてきた。さらに近年、多くの砂浜が埋め立てられ、安心して卵をうめる場所が少なくなっており、絶滅が心配されている。

まめちしき おとなになる前のこうらは、ハートの形をしている

日本の海でもとれる アオブダイ

おでこと出っ歯が危険のしるし

マヒ
腹痛
しびれ
致死

歯が横につながって、鳥のくちばしのようになっている。咬む力はすごく強い

毒メーター 5

年をとるとできる大きなこぶがとくちょう。えさとして食べるイワスナギンチャク（→ 68 ページ）の毒が筋肉と肝臓にたまっているため、食べるとはげしい筋肉痛とともに、息ができなくなって死ぬこともある。

まめちしき　毒の影響で、黒色のおしっこが出ることもある

毒の強さはフグの70倍

ソウシハギ

毒メーター 5

大きさ

全長 50 ～ 100㎝

世界各地のあたたかい海

猛毒の魚といえばフグ（→ 151 ページ）が有名だが、ソウシハギは内臓にフグの 70 倍強いとされるパリトキシンという猛毒をもっている。ひどいときには体がマヒして、食後 10 時間から数日で死んでしまう。

まめちしき　ソウシハギもイワスナギンチャク（→ 68 ページ）を食べて毒をためる

毒ガニの王者
ウモレオウギガニ

0.5グラム食べただけで死ぬ！

毒メーター
5
4
3
2
1

大きさ

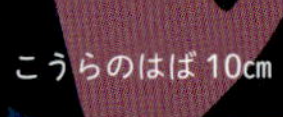

こうらのはば 10cm

生息地

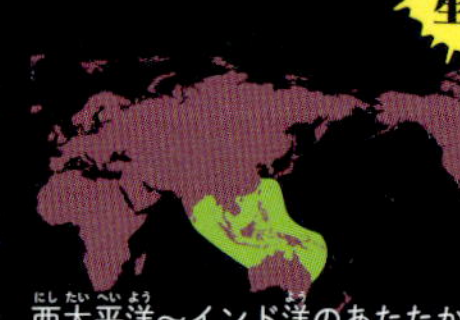

西太平洋〜インド洋のあたたかい海

こうらの表面は、陶器のような質感でツヤがある

青色や黄色、赤色などの色がまじった複雑なもようをしている

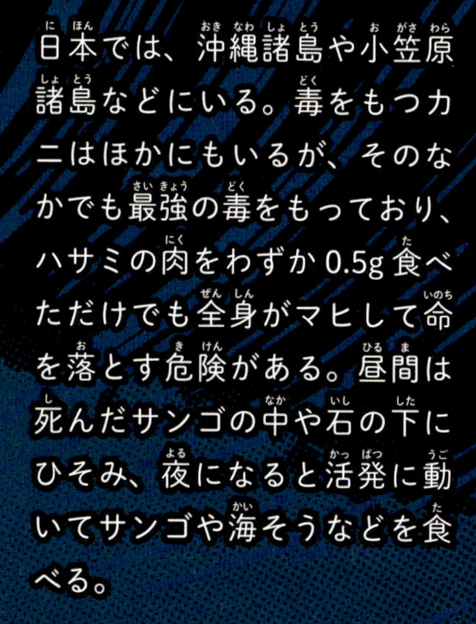

日本では、沖縄諸島や小笠原諸島などにいる。毒をもつカニはほかにもいるが、そのなかでも最強の毒をもっており、ハサミの肉をわずか0.5g食べただけでも全身がマヒして命を落とす危険がある。昼間は死んだサンゴの中や石の下にひそみ、夜になると活発に動いてサンゴや海そうなどを食べる。

食べた貝などから、少しずつ体内に毒をためていくと考えられる

くらべてみよう!

爪の先が黒いカニにはご用心!

ウモレオウギガニのほかに、スベスベマンジュウガニ（→150ページ）やツブヒラアシオウギガニなど、オウギガニ科のカニの多くが毒をもっている。これらのカニはすべて爪の先が黒い。黒い爪のカニを見つけても、つかまえて食べたりしないようにしよう。

まめちしき　フグ（→151ページ）と同じでウモレオウギガニの毒は熱に強く、煮ても消えない

ナデナデしてみる?

スベスベマンジュウガニ

死んだサンゴの穴や石の下にいることが多い

毒メーター 5

大きさ

こうらのはば 5cm

生息地

その名のとおり、こうらがまんじゅうのように丸く、毛がなくてすべすべしている。おいしそうな名前だが、足の肉に猛毒があり、食べると30分ほどで舌や口がしびれて、手足がマヒしたり、息ができなくなったりする。

まめちしき　すんでいる地域によって、毒の成分がことなる

猛毒魚といえば
トラフグ

肝臓や腸、卵巣にテトロドトキシンという猛毒がある

毒メーター 5

全長 70 ～ 80㎝

北海道以南の各地、黄海、東シナ海

食べたい！ でもこわい……！

「フグは食いたし命はおしし」（命はおしいが食べたい）ということわざがあるほどおいしいが、その毒は強力で、日本で食中毒で死ぬ人の半分以上がフグ毒によるもの。食べると舌や指先がしびれ、呼吸困難におちいる。

まめちしき　フグを調理するためには、専門の免許が必要だ

食べるな危険!? 毒になる食べ合わせ

「食べ合わせ」とは、食材の組み合わせのことで、いっしょに食べると体によくない食材を「食べ合わせが悪い」という。日本でも、江戸時代からいろいろな例が言い伝えられてきた。

たとえば、カニと柿はどちらも体を冷やす効果があるので、いっしょに食べるとよくないといわれている。天ぷらとスイカは、スイカの水分で胃の中の消化液がうすまり、天ぷらの油が消化しにくくなるので体によくない。そのほか、一部の薬とグレープフルーツをいっしょに食べると、薬のきき目が強くなりすぎて、頭痛や胸が苦しくなる場合があるという。

一方、人間は平気でも、動物によっては毒になる食べ物もある。たとえばイヌにとって、玉ネギとチョコレートは猛毒。玉ネギにふくまれる成分は、イヌの血液中の赤血球をこわしてしまい、吐いたりおなかをこわしたりする。また、チョコレートを食べすぎると、心臓マヒを起こして死んでしまうこともあるので、ほしがっても絶対にあげてはならない。

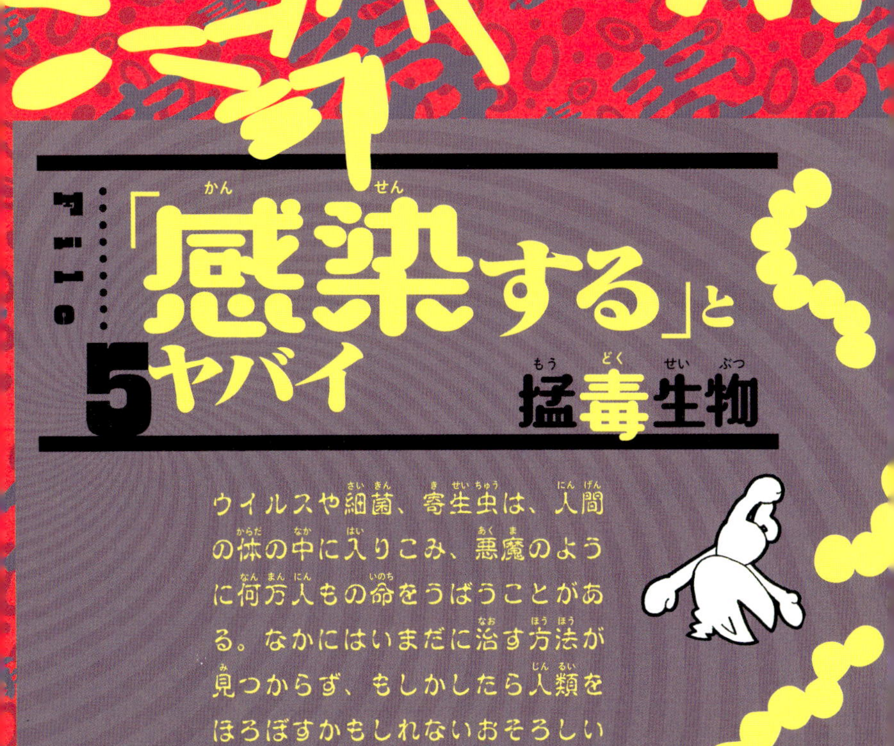

File 5 「感染する」とヤバイ猛毒生物

ウイルスや細菌、寄生虫は、人間の体の中に入りこみ、悪魔のように何万人もの命をうばうことがある。なかにはいまだに治す方法が見つからず、もしかしたら人類をほろぼすかもしれないおそろしい病もあるのだ！

絶体絶命! 致死率99.9%の恐怖のウイルス

CASE 05

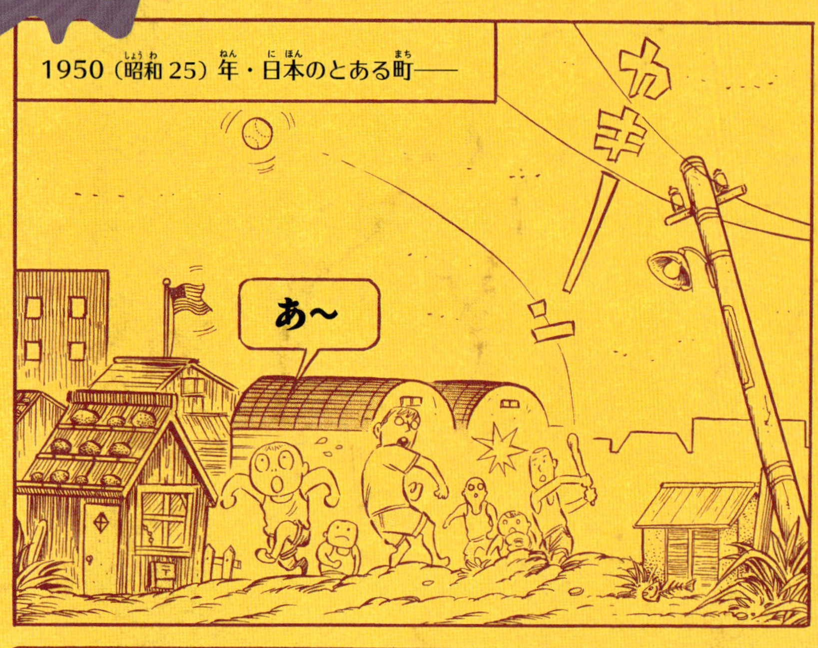

はっ
はっ
はっ

お、あった!

は
は

も、もうちょい

?
グルルルッ

！
うわあああっ！

こいつめ！
ドカッ
ギャンッ

ちぇ………

それから約１か月後——
ピュ～ウウウ

しかし少年は、あるおそろしいウイルスに、
体をむしばまれていた……。

少年は「狂犬病」におかされていた。

狂犬病は、ウイルスをもつ野犬などに咬まれることで感染する。

発症すると、神経がするどくなり、水や風の音を異常におそれたり、幻覚を見たりするという。

やがて意識を失い、
ほぼ100%死亡するのだ……。
シーン
スタスタ…

だいじょうぶ
ですか？

ごうっ

だい……
ごそ
がさ

ちょうだい…

よだれが止まらないよう
紙ちょうだい……!

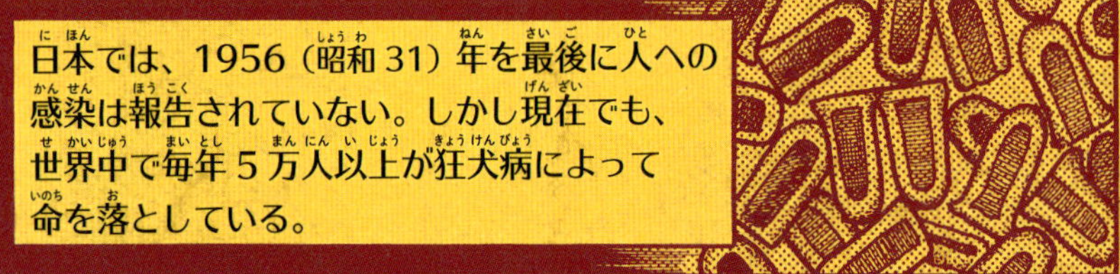
日本では、1956（昭和 31）年を最後に人への感染は報告されていない。しかし現在でも、世界中で毎年５万人以上が狂犬病によって命を落としている。

有効な治療法は、まだ見つかっていない……。

イヌも人もくるわせる

狂犬病ウイルス

ほぼ100%死ぬ！

事前にワクチン注射を打っておけば発病をふせげる

毒メーター
腹痛
発熱
めまい
しびれ
致死
5
4
3
2
1

媒介生物

イヌなど

生息地

世界各地

ウイルスをもったイヌのほか、ネコやシマリス、コウモリなどに咬まれたり引っかかれたりして感染する。感染すると、風の動きや光をこわがるなどの独特の症状があらわれたあと、しだいに体がマヒして死んでしまう。

まめちしき　水を飲むときにのどに激痛が走り、水をこわがるようになるため「恐水病」ともよばれる

カが広める恐怖の微生物

マラリア原虫

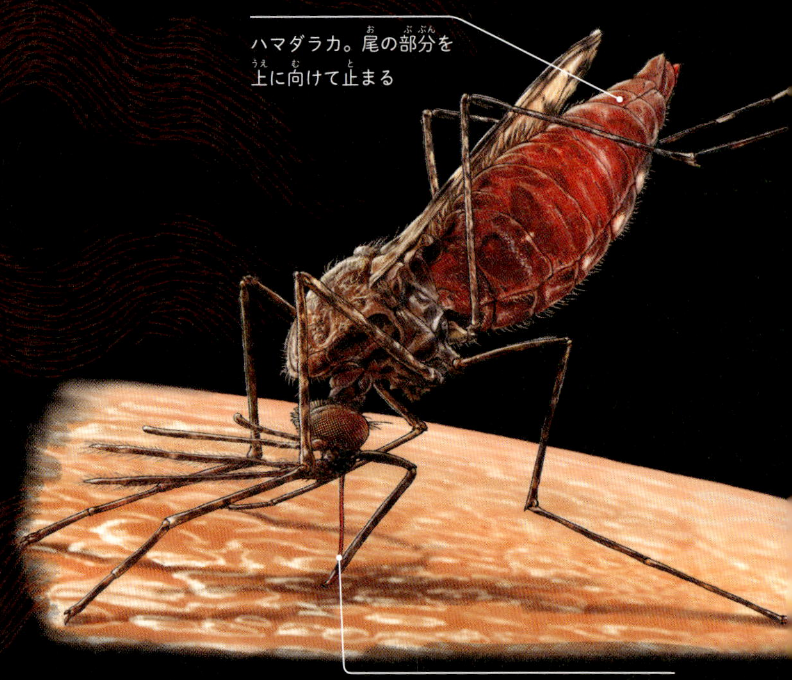

ハマダラカ。尾の部分を上に向けて止まる

カが皮ふを刺すときにマラリア原虫が人の体内に入る

媒介生物

ハマダラカ

生息地

世界各地

マラリアは、マラリア原虫（病気を引き起こす微生物）をもった力に刺されると感染する病気。世界中で毎年2億人以上が感染し、そのうち60万人以上が命を落としているという。発病すると、急に熱が上がったり下がったりする。最悪の場合、脳の血管がつまるなどして死ぬ。

毎年2億人が感染！

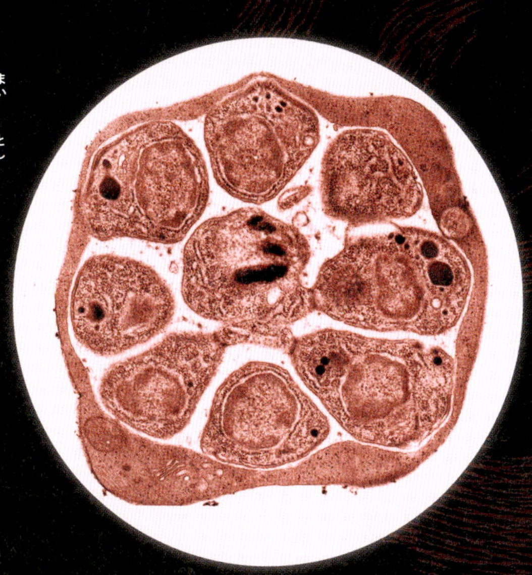

電子顕微鏡で撮影したマラリア原虫の「分裂体」の断面図

もっと知ろう！

「感染」と「発病」のちがい

感染とは、病気を引き起こすウイルスや菌などが体内に入ること。一方、発病はウイルスや菌などが体内でふえて、実際に病気の症状が出ることだ。病気に対する抵抗力をつけるための予防接種（ワクチン注射）を打っておけば、感染しても発病をふせげる。

まめちしき　発病しても、24時間以内に治療薬を打てば助かることが多い

被害がじわじわ拡大中

SFTSウイルス

毒メーター 5 4 3 2 1

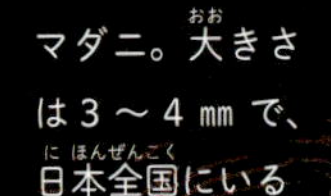

マダニ。大きさは3～4㎜で、日本全国にいる

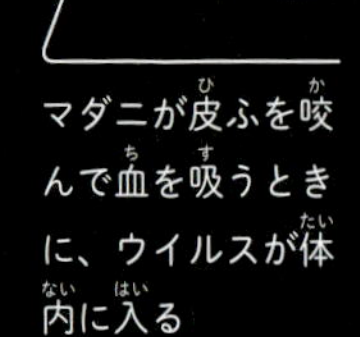

マダニが皮ふを咬んで血を吸うときに、ウイルスが体内に入る

未知のウイルスを運ぶ殺人ダニ！

媒介生物

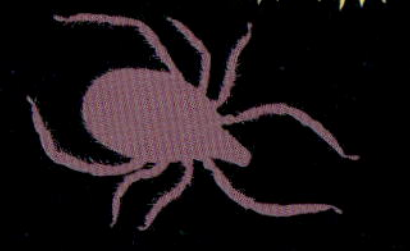

マダニ

生息地

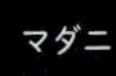

日本、中国、韓国など

2011年に存在が確認された新種のウイルス。森林や草地などにいる吸血生物であるマダニの体内にいる。ウイルスをもったマダニに咬まれてから1～2週間後に、発熱や頭痛、筋肉痛などのかぜに似た症状が出て、ひどくなると死亡する。日本でも2015年までに151人が感染し、うち41人が亡くなっている。

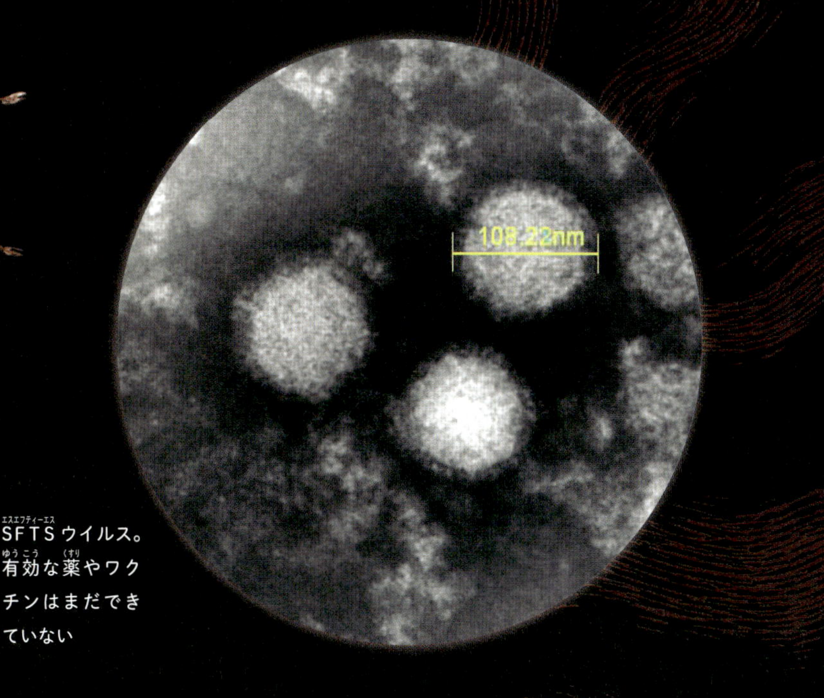

SFTSウイルス。有効な薬やワクチンはまだできていない

くらべてみよう！

「ウイルス」と「細菌」のちがい

大きなちがいが2つある。1つは大きさ。種類にもよるが、ウイルスの大きさは細菌の10分の1から100分の1しかない。もう1つは増殖力。細菌は栄養と水があれば単独でもふえるが、ウイルスはほかの生物の細胞の中でしかふえることができない。

まめちしき　衣類や寝具に発生するのはヒョウダニ。マダニは家の中には発生しない

空気を伝って世界中に拡大

結核菌

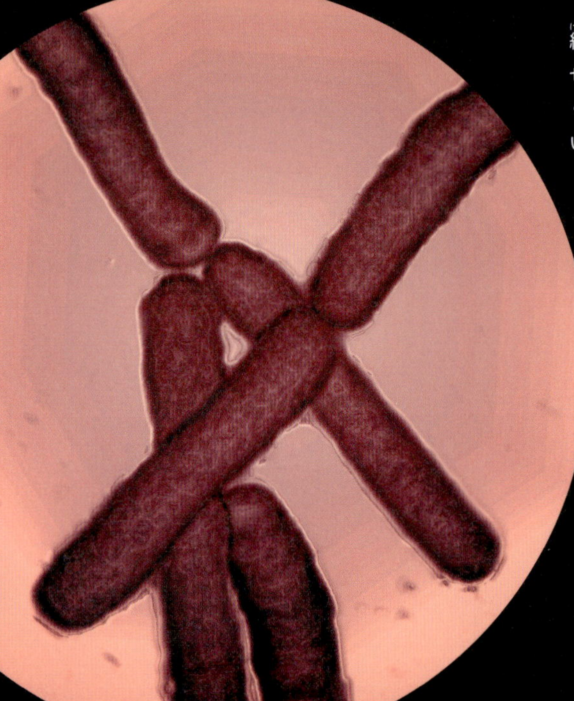

出血
発熱
めまい
致死

毒メーター
5
4
3
2
1

結核を発病した人のせきやくしゃみにふくまれるしぶきを吸いこむと感染する

薬がきかないニュータイプ!?

体内に入ると、おもに肺の組織がこわされて、せきが止まらなくなったり、血を吐いたりする。悪化すると息ができずに死んでしまう。薬を飲めば治るが、最近ほとんどの薬がきかない新型の耐性菌が発見され、感染が広がっている。

媒介生物

ヒト

生息地

世界各地

まめちしき　エジプトのミイラからも結核にかかったあとが見つかった。大昔からいる細菌だ

重い後遺症を残す
日本脳炎ウイルス

感染しても発病するのは100～1000人にひとりで、ほとんどの人が無症状

脳みそと神経を破壊する！

マヒ
腹痛
発熱
めまい
致死
毒メーター
5
4
3
2
1

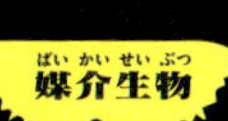

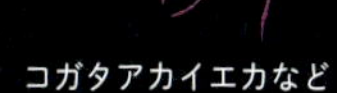

コガタアカイエカなど

日本、東南アジア、インドなど

ブタの体内でウイルスがふえ、その血液を吸ったコガタアカイエカに刺されることで感染する。発病すると一気に熱が上がり、全身がだるくなったり意識がもうろうとしたりする。治っても手足のマヒなどが残ってしまう。

まめちしき　日本ではじめて感染者の脳からウイルスが分離されたことが命名の由来

BSE問題で日本でも話題に
異常プリオン

感染したウシの肉や骨をえさにまぜたことで被害が拡大した

マヒ
しびれ
致死

脳がスポンジみたいにスカスカに……

毒メーター
5
4
3
2
1

異常プリオンとは、正常なタンパク質（プリオン）が変化したもの。これが体内に入ると、脳にスポンジのような穴があき、歩行困難や異常行動を起こし死にいたる。1986年にイギリスのウシが多数発病し、人への感染例もある。

媒介生物

ウシなど

生息地

ヨーロッパ、日本、北アメリカなど

まめちしき　ウシが発病すると異常行動を起こすので「狂牛病」ともよばれる

寄生虫

生きてる時限爆弾

エキノコックス

エキノコックスの成虫。キツネの体内で卵をばらまく

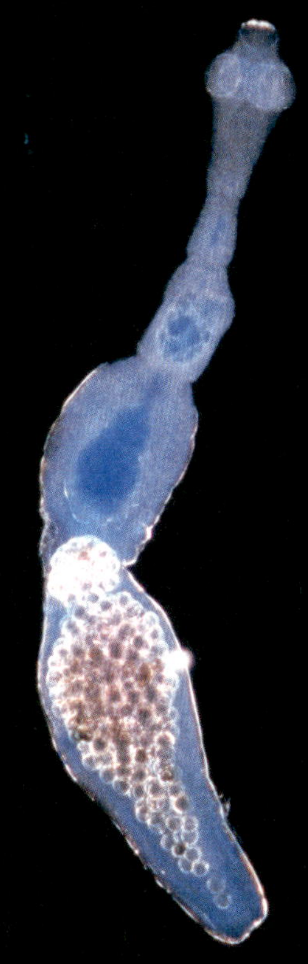

気づいたときにはすでに手おくれ！

腹痛

発熱

致死

毒メーター 5 4 3 2 1

媒介生物

キタキツネなど

生息地

北半球の各地

キツネの体内にいる5㎜ほどの寄生虫。寄生虫の卵をふくんだキツネのフンが毛につき、それを触った人の口から体内に入る。5～10年かけてゆっくりと内臓がこわされて腹痛や発熱が起こる。発病したときには手おくれであることが多い。

まめちしき　生ごみの増加によって感染動物がふえ、野犬からも見つかっている

薬にもなる毒

毒がないと生活できない？

殺虫剤には、昆虫などの神経にのみ作用する毒が使われており、人間に対しては基本的に無害だ

どちらも飲むと気分がよくなるが、飲みすぎると具合が悪くなって歩けなくなる

じつは、私たちは、ふだんから毒に囲まれて生きている。

たとえばほとんどの家庭にカやゴキブリを殺す殺虫剤が１本はあるだろうし、手を洗う石けんには微生物を殺す殺菌剤がふくまれている。さらに、コンビニで買ってきたお弁当のおかずには細菌がふえるのをふせぐ保存料が加えられている。

これらは人間に対して“たまたま”害をおよぼさないだけで、見方を変えればりっぱな毒だ。

ちなみに、おとなが好きなビールやコーヒーも毒物だ。飲みすぎると二日酔いで頭が痛くなるように、アルコールは体内で毒性の強い物質に変化し、ひどいときには命を落とす。コーヒーにふくまれるカフェインも、とりすぎると精神が不安定になって、自殺者が出た例もある。

それなのに私たちは、これらの毒を遠ざけるどころか、むしろ楽しんでさえいる。

毒と薬は表裏一体

さらに毒は、人の命を救う薬にもなる。

けがの治療をしたときなどに、傷口から細菌に感染しないように「抗生物質」という薬が出されることがあるが、この薬自体が放線菌という細菌からできている。つまり細菌を使って、別の細菌を殺しているのだ。

ワクチンも、発病しないていどに毒を弱めたウイルスからできている。ワクチンを使って、あらかじめ“ウイルスと戦う予行練習”をしておくことで、体に抵抗力がつき、本物のウイルスが体内に入ってきても負けない体をつくれるのだ。

昔から人は、さまざまな毒物と共存してきた。それが人の命をうばう毒になるか、それとも助ける薬になるかは、私たちの使い方しだいだ。

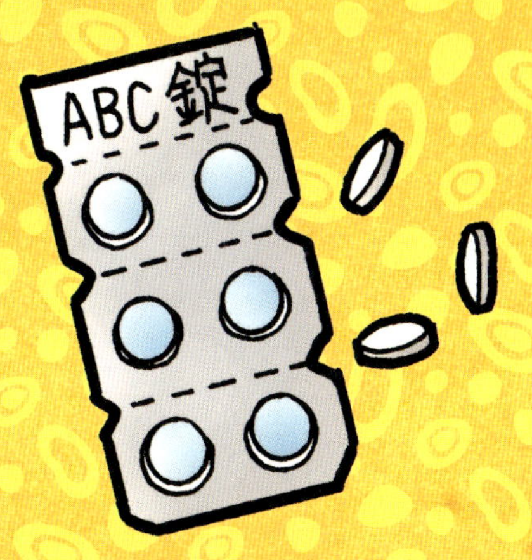

肺炎の薬で、世界初の抗生物質であるペニシリンも、アオカビ（微生物）からつくられた

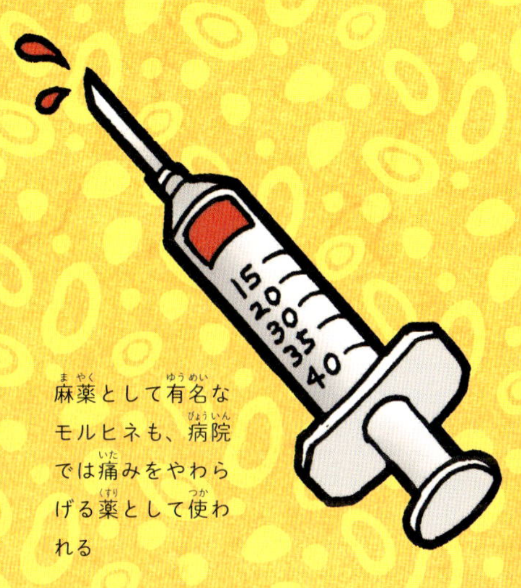

麻薬として有名なモルヒネも、病院では痛みをやわらげる薬として使われる

ミクロなエイリアン!?

有鉤囊虫

体の中にウジャウジャ……

ものを食べるために必要な口や消化管がなく、寄生した生物から直接栄養を吸収する

頭部には吸盤が4個ある

毒メーター 5 4 3 2 1

媒介生物

ブタなど

生息地

世界各地

吸盤と数十本のフックで体内にはりつく

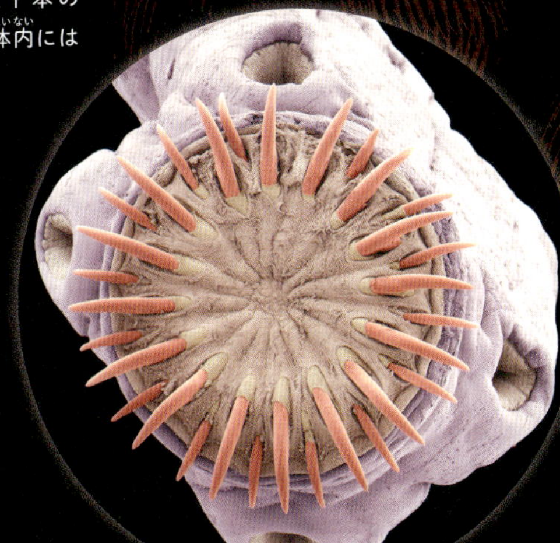

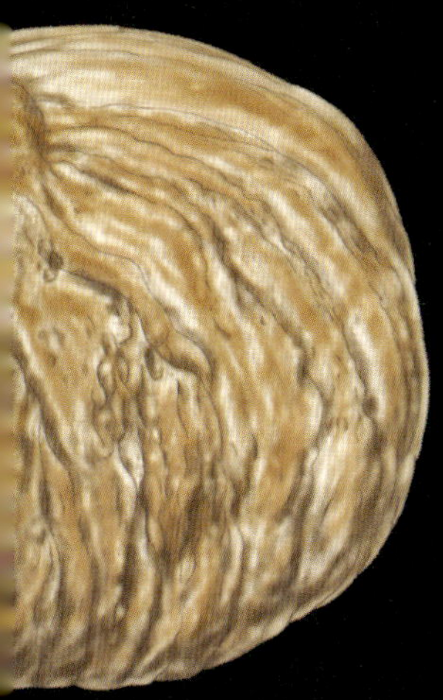

寄生虫の一種で、野菜や生のブタ肉などに卵がついていることがある。それらを食べると、体内で卵がかえって有鉤嚢虫になり、内臓や脳、目など体中に広がっていく。脳に寄生されると、脳が穴だらけになることもあり、体がけいれんしたり、意識を失ったり、失明したりと、さまざまな障害が出る。

もっと知ろう！

寄生虫って、どんな生き物？

人や動物など、ほかの生物に取りつき、栄養をうばう生き物。ノミやダニのように皮ふに取りつくものもいれば、有鉤嚢虫のように腸に入って栄養を吸収するものもいる。戦後間もなくは日本でも感染者がたくさんいたが、現在はとても少なくなった。

まめちしき　加熱すると寄生虫や卵は死ぬので、ブタ肉はよく焼いて食べよう

細菌

町に死体の山をきずいた

ペスト菌

出血
発熱
めまい
致死

せきなどにふくまれるしぶきを吸いこむと、人から人へも感染する

1億人の命をうばった悪魔の病！

毒メーター
5
4
3
2
1

別名「黒死病」とよばれ、発病すると高熱とともに皮ふに黒い出血のあとができて死亡する。何回か大流行しており、14世紀のときは当時の世界人口の4分の1が死んだという。菌をもつネズミを刺したノミが人を刺すことで感染する。

媒介生物

ノミなど

生息地

まめちしき　ワクチンはなく、薬（抗生物質）を投与して治すしかない

細菌

生物兵器としてテロにも使われた

炭疽菌

生命力が強く、本革のバッグや毛皮などについて数十年間生きられる

皮ふが炭のように黒くなる

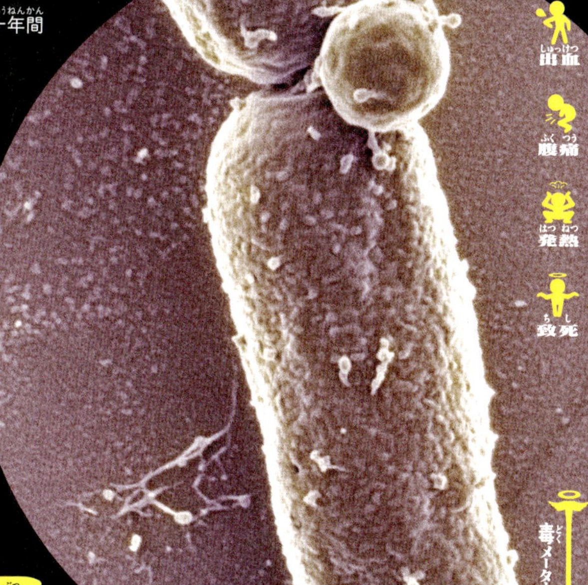

出血
腹痛
発熱
致死

毒メーター 5

媒介生物

ウシなど

生息地

世界各地

世界中の土の中にいる細菌で、感染したウシやヒツジに触ったとき、傷口から人の体に入りこむ。にきびのようなできものができたあと、つぶれて炭のように黒いかさぶたができる。肺に菌が入った場合は、死ぬ確率が高い。

まめちしき　2001年にアメリカで炭疽菌の入った封筒を送りつけるテロがあり、5人が死亡した

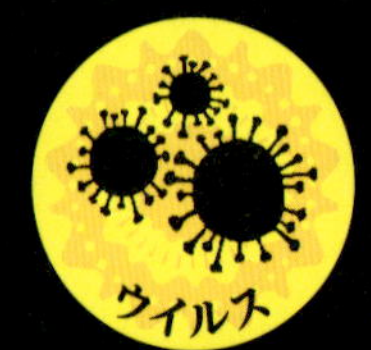

おそるべき感染力

ノロウイルス

たった10～100個のウイルスが体に入っただけで発病する力をもつ

腹痛
発熱

集団感染に要注意！

毒メーター
5
4
3
2
1

感染した人がつくった料理を食べたり、感染した生ガキを食べたりすると危険。感染から数十時間で発病し、突然吐いたり便が止まらなくなったりする。吐いたものから出たウイルスが人の口に入って感染が広がることもある。

媒介生物

カキ（貝）など

生息地

世界各地

まめちしき　正式な種名は「ノーウォークウイルス」でアメリカのノーウォークという町で発見された

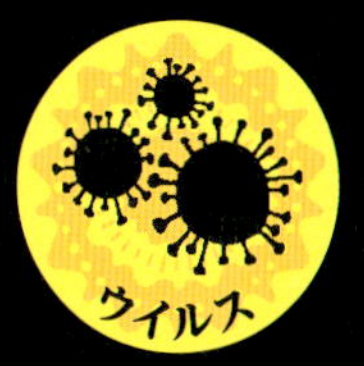

1億羽のニワトリが死んだ

鳥インフルエンザウイルス

ニワトリなどのフンや内臓に触ることで感染する

ハイスピードで形をかえる！

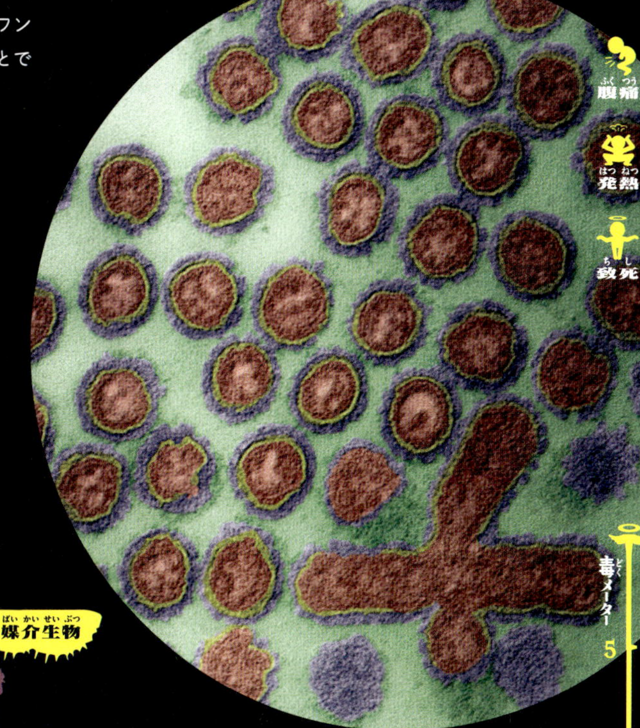

腹痛
発熱
致死

毒メーター 5

鳥インフルエンザウイルスは、本来なら人に感染しないが、2013年に人への感染が報告された。インフルエンザウイルスはこれまでもたびたび突然変異を起こして大流行し、そのたびにたくさんの人が命を落とした。

まめちしき　症状はほかのインフルエンザと同じだが、免疫がないため重症化しやすい

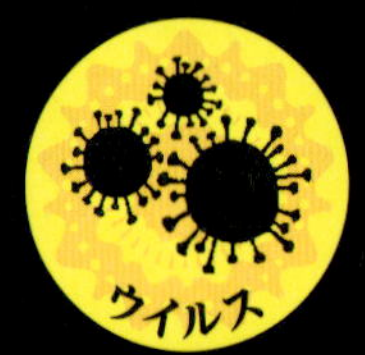

しのびよるパンデミックの恐怖

エボラウイルス

有効な薬はまだ開発されていないが、有望なワクチンの研究が進められている

全身から血をふき出して死ぬ！

出血
腹痛
発熱
激痛
致死

毒メーター
5
4
3
2
1

人類が発見したなかでも最悪のウイルスといわれ、感染すると目や鼻、口、皮ふなど、体中から血を流して死んでしまう。死ぬ確率は50～90%と非常に高い。感染力も強く、感染者の汗や血などに触れただけで感染する。

媒介生物

ヒト

生息地

まめちしき　アフリカで発見されたが、アメリカやヨーロッパでも感染者が出ている

キング・オブ・猛毒
ボツリヌス菌

たった 0.00006mg（1億分の 6g）の毒素で人間は死んでしまう

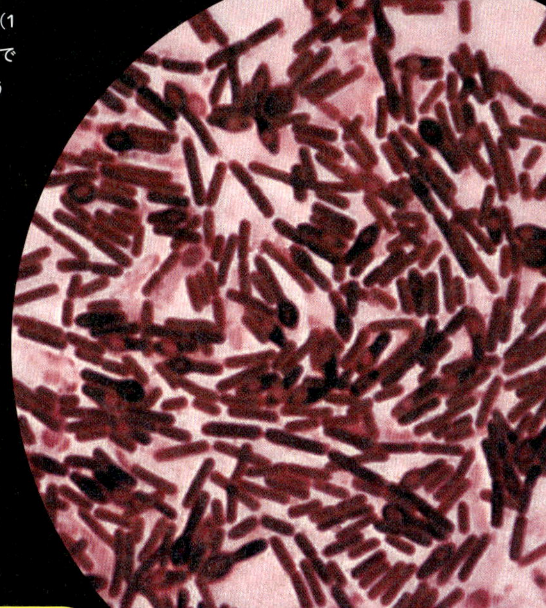

マヒ
致死
毒メーター
5
4
3
2
1

地球上で最強最悪の細菌！

媒介物

食品（ソーセージや缶詰など）

生息地

世界各地

土や海、川などにいる菌で、肉や魚の缶詰などの中でふえて食中毒を起こす。菌自体に毒はないが、一定の条件がそろうと毒素を出し、呼吸困難を引き起こす。計算上、わずか 500 g で全人類を殺せるほどの超猛毒だ。

まめちしき　現在の缶詰はほとんど殺菌されているため、安心して食べてよい

猛毒生物DATA

この本に登場した猛毒生物を五十音順で紹介しています。File5のウイルス・細菌・寄生虫などについては、190ページにまとめています。

毒 毒の種類　大 大きさ　地 生息地　生 生息環境

※「毒の種類」については、72 ～ 73ページにくわしい解説があります

あ行

アオイラガ　p114

毒 不明　大 全長 2.5cm（幼虫）
地 日本（本州～九州）　生 藪

アオブダイ　p146

毒 神経毒　大 全長 80cm

地 西太平洋　生 海中

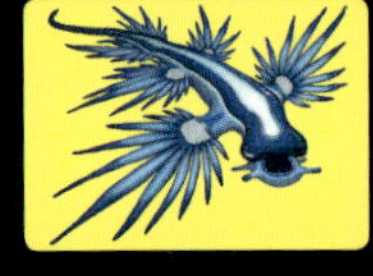

アオミノウミウシ　p117

毒 混合毒　大 体長 2 ～ 5cm
地 世界各地のあたたかい海　生 海面

アカエイ　p66

毒 神経毒　大 全長 2m
地 世界各地の海　生 海中

アカヒアリ　p82

毒 神経毒　大 体長 6mm

地 中央アメリカ周辺　生 藪

あ
行(ぎょう)

あ行

オオスズメバチ　p78

毒 混合毒　大 体長 3 ～ 4cm（働きバチ）
地 インド、東南アジア、東アジア　生 森林

オオヒキガエル　p101

毒 混合毒　大 体長 10 ～ 15cm
地 日本、中央アメリカなど　生 湿地帯

オオベッコウバチ　p80

毒 混合毒　大 体長 6cm
地 中央アメリカ周辺　生 森林

オニダルマオコゼ　p64

毒 混合毒　大 全長 35cm
地 西太平洋～インド洋　生 海中

オニヒトデ　p70

毒 混合毒　大 直径 30 ～ 60cm
地 西太平洋～インド洋　生 海中

か行

カエンタケ　p112

毒 実質毒　大 高さ 3 ～ 15cm
地 日本　生 森林

カツオノエボシ　p60

毒 混合毒　大 全長 10m
地 赤道付近のあたたかい海　生 海中

さ行

スローロリス p110

毒 不明　大 体長 27 ～ 38cm
地 東南アジア　生 森林

セアカゴケグモ p38

毒 神経毒　大 体長 1cm（メス）
地 世界各地　生 森林

ソウシハギ p147

毒 神経毒　大 全長 50 ～ 100cm
地 世界各地のあたたかい海　生 海中

た行

ダイオウサソリ p77

毒 不明　大 体長 20cm
地 アフリカ西部　生 森林

タイガースネーク p24

毒 混合毒　大 全長 1 ～ 2.1m
地 オーストラリア　生 湿地帯

タイマイ p144

毒 不明　大 体長 60 ～ 110cm
地 世界各地のあたたかい海　生 海中

チョウセンアサガオ p138

毒 神経毒　大 花の直径 10cm
地 世界各地のあたたかい地域　生 藪

た行

ツキヨタケ p132

毒 実質毒　大 かさの直径10～20cm

地 日本、ロシア、中国など　 生 森林

ドクササコ p135

毒 神経毒　大 かさの直径5～10cm

地 日本（東北地方～近畿地方）　 生 森林

ドクツルタケ p134

毒 実質毒　大 かさの直径5～15cm

地 北半球中部～北部　生 森林

トラフグ p151

毒 神経毒　大 全長70～80cm

地 黄海、東シナ海など　生 海中

トリカブト p136

毒 神経毒　大 花の直径2cm

地 北半球中部～北部　生 藪

な行

ナイリクタイパン p22

毒 おもに神経毒　大 全長1.4～2.5m

地 オーストラリア内陸部　生 荒地

ニホンマムシ p30

毒 おもに血液毒　大 全長45～75cm

地 日本（琉球諸島をのぞく）　生 藪

ハブ p31

毒 おもに血液毒　大 全長 1 ～ 2.2m
地 日本（奄美諸島、沖縄諸島）　生 藪

ハブクラゲ p62

毒 混合毒　大 全長 1.5 ～ 2m
地 琉球諸島近海～インド洋　生 海中

ヒョウモンダコ p46

毒 神経毒　大 全長 12cm
地 西太平洋～インド洋　生 海中

フォニュートリア・ドクシボグモ p36

毒 不明　大 体長 5cm
地 南アメリカ北部　生 森林

プス・キャタピラ p84

毒 不明　大 体長 3cm
地 北アメリカ中部～南部　生 森林

ブラジルサンゴヘビ p27

毒 神経毒　大 全長 0.6 ～ 1.5m
地 中央アメリカ周辺　生 荒地

ブラックマンバ p26

毒 神経毒　大 全長 2.5 ～ 4.5m
地 アフリカ東部～南部　生 荒地

は行

ま行

ま行

モクメシャチホコ p115

毒 不明　大 体長 5.5cm（幼虫）
地 日本（北海道〜九州）　生 藪

や行

ヤエヤマフトヤスデ p98

毒 不明　大 全長 8 〜 9cm
地 日本（八重山諸島）　生 森林

ヤマカガシ p100

毒 おもに血液毒　大 全長 60 〜 100cm
地 日本（本州、九州、大隅諸島）　生 湿地帯

ら行

ラッセルクサリヘビ p28

毒 混合毒　大 全長 1.2 〜 1.7m
地 パキスタン、インドなど　生 荒地

リンカルス p96

毒 混合毒　大 全長 90 〜 110cm
地 アフリカ南部　生 藪

ルブロンオオツチグモ p34

毒 不明　大 体長 9.5cm（メス）
地 南アメリカ北部　生 森林

わ行

ワライタケ p127

毒 神経毒　大 高さ 10cm
地 世界各地　生 森林

ウイルス・細菌・寄生虫DATA

地 分布　路 感染経路

名称	地 分布	路 感染経路	ページ
異常プリオン	ヨーロッパ、日本、北アメリカなど	経口感染	p168
エキノコックス	北半球の各地	経口感染	p169
SFTSウイルス	日本、中国、韓国など	ダニ媒介感染	p164
エボラウイルス	アフリカ中央部～南部	飛沫感染・血液感染	p178
狂犬病ウイルス	世界各地	接触感染	p161
結核菌	世界各地	空気感染	p166
炭疽菌	世界各地	接触感染	p175
鳥インフルエンザウイルス	世界各地	接触感染	p177
日本脳炎ウイルス	日本、東南アジア、インドなど	昆虫媒介感染	p167
ノロウイルス	世界各地	経口感染	p176
ペスト菌	世界各地	接触感染・ノミ媒介感染	p174
ボツリヌス菌	世界各地	経口感染	p179
マラリア原虫	世界各地	昆虫媒介感染	p162
有鉤嚢虫	世界各地	経口感染	p172

参考文献

『猛毒動物 最恐50 コブラやタランチュラより強い 究極の毒を持つ生きものは？』
ソフトバンククリエイティブ
『危険・有毒生物（フィールドベスト図鑑）』
学研教育出版
『危険・有毒生物（新ポケット版学研の図鑑）』
学研教育出版
『日本の毒きのこ（フィールドベスト図鑑）』
学研教育出版
『史上最強カラー図解 毒の科学 毒と人間のかかわり』ナツメ社
『毒 青酸カリからギンナンまで（PHPサイエンス・ワールド新書）』PHP研究所
『日本大百科全書』小学館

写真提供（特別協力）

鳥羽水族館　(p67)
高木 拓之　(p99)
デーリー東北新聞社（2010年10月10日掲載）(p133)　撮影：岩村雅裕
国立感染症研究所　(p165)
長崎大学熱帯医学研究所　(p167)

本文内に記載のないものすべて
amanaimages
アフロ
Fotolia

参考サイト

『ナショナルジオグラフィック日本版』
https://natgeo.nikkeibp.co.jp
『ハフポスト日本版』
https://www.huffingtonpost.jp
『北海道大学学術成果コレクション：HUSCAP』
https://eprints.lib.hokudai.ac.jp/dspace/index.jsp
『ウミヘビ学入門—海に生きるヘビ達（森哲）』
http://www.amsl.or.jp/midoriishi/0507.pdf
『市場魚貝類図鑑 ぼうずコンニャク』
https://www.zukan-bouz.com
『別府市公式ホームページ』
https://www.city.beppu.oita.jp
『日本科学未来館（Miraikan）』
https://www.miraikan.jst.go.jp
『学研キッズネット』
https://kids.gakken.co.jp
『日本気象協会 tenki.jp』
https://www.tenki.jp
『サイエンスポータル』
http://scienceportal.jst.go.jp
『厚生労働省』　https://www.mhlw.go.jp
『公益財団法人結核予防会結核研究所』
https://www.jata.or.jp/index.php
『国立感染症研究所』
https://www.nih.go.jp/niid/ja
『東京都感染症情報センター』
https://idsc.tokyo-eiken.go.jp
『GIGAZINE（ギガジン）』
https://gigazine.net
『一般社団法人 秋田県薬剤師会』
http://www.akiyaku.or.jp

監修者

長沼毅　ながぬま たけし

1961年、三重県四日市市生まれ。4歳からは神奈川県大和市で育つ。専門分野は、深海生物学、微生物生態学、系統地理学。キャッチフレーズは「科学界のインディ・ジョーンズ」。海洋科学技術センター(現・海洋研究開発機構)勤務ののち、広島大学大学院生物圏科学研究科教授。筑波大学大学院生物科学研究科修了・理学博士。

○漫画・挿絵

森野達弥

巨匠・水木しげるの下で10余年の修業を経て1994年独立。主な作品に『もがりの首』『怪奇タクシー』『LEGENTAiL 千年太』がある。『最強ジャンプ』(集英社)にて『妖怪忍法帖ジライヤ!』(原作/矢立肇)を連載。同作品のアニメPVがYouTubeで公開された。

○生物イラスト

児玉智則

理科教科書・図鑑・教材などの図版、医学書の解剖図、単行本の表紙絵、歴史書籍の復元図、飛行機・生物・恐竜・妖怪などの図解を手がける。　http://tamah.web.fc2.com/il.html

ナブランジャ

2008年よりイラストレーターとして活動。書籍やカードゲーム、ソーシャルゲームなどのイラストを執筆。モンスターや動物、とくに鳥が好き。

ふしぎな世界を見てみよう!

猛毒生物　大図鑑

監修者　長沼　毅
発行者　高橋秀雄
発行所　**株式会社 高橋書店**
〒170-6014 東京都豊島区東池袋3-1-1 サンシャイン60 14階
電話　03-5957-7103

ISBN978-4-471-10362-0

本書の内容についてのご質問は「書名、質問事項(ページ、内容)、お客様のご連絡先」を明記のうえ、郵送、FAX、ホームページお問い合わせフォームから小社へお送りください。
回答にはお時間をいただく場合がございます。また、電話によるお問い合わせ、本書の内容を超えたご質問にはお答えできませんので、ご了承ください。
本書に関する正誤等の情報は、小社ホームページもご参照ください。

【内容についての問い合わせ先】

書　面　〒170-6014 東京都豊島区東池袋3-1-1 サンシャイン60 14階
高橋書店編集部
F A X　03-5957-7079
メール　小社ホームページお問い合わせフォームから　(https://www.takahashishoten.co.jp/)

【不良品についての問い合わせ先】

ページの順序間違い・抜けなど物理的欠陥がございましたら、電話03-5957-7076へお問い合わせください。ただし、古書店等で購入・入手された商品の交換には一切応じられません。